ジュアルで紐解く

日本の高速鉄道史

名列車とたどる進化の歴史

高野晃彰 著

メイツ出版

本書のご利用について
●本書に掲載しているデータは、2018 年1月現在のものです。
●各章の年代は、取り上げた車両が主に活躍した年代としています。
●掲載している各列車の稼働年代は、列車名の廃止時期、車両名の廃止時期など、そのページの記事の主旨によって異なります。
●掲載している列車の停車駅、走行する路線などは、変更されることがあります。
●掲載している駅は、名称や位置が変更されることがあります。
●鉄道会社名は、略称を記している場合があります。
●編成表は、その列車の一定時期のものです。

ビジュアルで紐解く

日本の高速鉄道史

〜 名列車とたどる進化の歴史 〜

【目次】

はじめに

高速鉄道の定義とは、時速２００㎞以上で走行することのできる鉄道を指すとされる。この定義とは、１９７０（昭和45）年に定められた『全国新幹線鉄道整備法』に基づくものであり、「その主たる区間を列車が２００㎞／ｈ以上の高速度で走行できる幹線鉄道」と位置づけている。

海外を見てみると、世界各国の鉄道事業者によって組織される国際機関に、国際鉄道連合（ＵＩＣ）がある。ＵＩＣでは、高速鉄道の定義を「専用の高速新線は、２５０㎞／ｈを超える速度設計」、「高規格化された在来線は、２００㎞／ｈもしくは２２０㎞／ｈにも至る速度設計」と定めている。さらに、これらを基本に建設されたインフラ、専用の特化した車両、運用システムなど、すべてが組み合わされてこの定義が成立するとされる。

一方で、インフラには、下部構造という意味がある。下部構造とは、政治・法制・イデオロギーなどの上部構造に対し、それらの土台をなす社会の経済構造を指す。こうしたことから、日本では、インフラを社会基盤や経済基盤と訳すことがある。

本書は高速鉄道の定義をこの下部構造、すなわち、経済基盤にみるのである。時代が異なれば、同じ国でも、経済基盤は大きく異なる。経済を支える産業の進歩は、日進月歩である。特に、産業革命以降は、その傾向は顕著といってよい。

日本は、幕末・明治維新を境に、近代国家へと大きく舵を切った。そして、鉄道はちょうど明治維新を契機に日本に導入された。明治政府が推し進めた富国強兵・殖産興業の２大スローガンに鉄道は必要不可欠なものであったからだ。

そして、時代が明治から大正、昭和、平成へと移ると、その時代ごとに社会の経済基盤は異質のものになっていった。そうなると高速鉄道の定義も時代ごとに変化するのはいうまでもない。日本の鉄道黎明期においては、陸蒸気に対抗する運送手段は、人力車や馬車だった。これらに比べると陸蒸気は紛れもなく高速鉄道であった。

現代において、新幹線に対抗する交通手段は、自動車か航空機ということになる。新幹線は航空機には及ばないものの、一般乗用車のスピードは凌駕する。それは、２００㎞／ｈという速度には及ばなくても、戦前、戦後、高度経済成長期の列車も同様だった。さらに、近い将来（約20年後）、６００㎞／ｈ近い速度のリニアモーターカーという高速鉄道が実現する予定である。

どんなに世の中が進化しても、公共性、高速性に優れた鉄道という交通手段はなくなることはないだろう。鉄道は、今日も日本中を結んで走り続け、未来に向かって走り続ける。本書が日本の交通の主役である、高速鉄道の歴史を紐解く一考になれば、幸いである。

ビジュアルで紐解く

日本の高速鉄道史

〜 名列車とたどる進化の歴史 〜

明治〜戦前編

黎明期の鉄道
特別急行列車の誕生
私鉄の高速鉄道の誕生
弾丸列車計画

日本で初めて開通した陸(おか)蒸気

◀新橋停車場と「1号」機関車(鉄道博物館)。

富国強兵・殖産興業に不可欠だった鉄道事業

「陸蒸気」と呼ばれた鉄道の開通に関しては、明治政府発足当時から検討がなされていた。そして、早くも1869(明治2)年には、新橋駅―横浜駅間の建設が決定した。鉄道は、物資の大量輸送という点において、明治政府が推し進める富国強兵・殖産興業の2大スローガンに必要不可欠なものだった。さらに、国民に対する西洋化の広告塔としても鉄道の開通は急務だったのである。

当時の錦絵を見ると、鉄道は、高輪や横浜のあたりは海上の築堤の上を走っている。これは、西洋文化への抵抗という説もあるが、高輪には島津藩の屋敷があり、これを買収するには抵抗があったために、総延長約29㎞のうち、10㎞を海上の築堤となったのだ。

鉄道建設にあたっては、イギリス人建築技師エドモンド・モレルを中心に、測量から開始した。干潮時に海の中に入り工事を進めるという、難工事の連続だったと伝わる。そして、線路が完成すると、イギリスから「150形式」蒸気機関車(1号機関車)など10両が輸入された。1872(明治5)年の開通時には、これらの機関車で、ぴかぴかの客車を牽引したのである。

▲「1号」機関車に連結される下等客車(復元車両)。

では、開業当時の鉄道の運賃は幾らくらいだったのか。新橋駅―横浜駅間の運賃を見ると、上等が1円12銭5厘、中等が75銭、下等が37銭5厘という記録が残っている。当時の交通のライバルである人力車が約30銭、蒸気船が約31銭というから、鉄道はとても贅沢な乗り物だったことが分かる。ちなみに、上等の1円12銭5厘というのは、現在の金額でおおよそ1万5000円前後とされる。

また、時刻表は開業当時から作られていた。しかし、実際には駆け込み乗車が多かったという。これは、当時は時計が普及しておらず、人々が時間を知るすべがなかったからである。

[鉄道創設当時のエピソードと駅]

本当にあった黎明期のエピソード

明治維新においては、人々にとって西洋文化を受け入れるということは不安と恐怖を伴うことだった。そこで、鉄道開通時には、今では考えられないようなエピソードが生まれた。

陸蒸気と呼ばれた鉄道は、新橋駅―横浜駅間を1時間で結ぶという画期的なスピードが特徴。それまでの交通手段は、人力車や馬車だったので、鉄道のスピードは脅威だった。人々の中には陸蒸気はキリシタンの妖術だと真剣に考えていた人がいたという。また、横浜駅に着いても、そんなに早く着くわけがないと、なかなか降りなかった乗客もいた。ちなみにスピードに関しては、新橋駅―横浜駅間を最高で30分で走ったという記録がある。これは、今の京浜東北線とあまり変わらない。陸蒸気は、本当に速かったのである。

当時は客車内にトイレがなかった。なかには我慢できず窓から放尿する人もいたというが、10円の罰金を科せられた。また、暖房もなかったので、庶民は厚着をして利用したという。

そして、当初は、鉄道への反対運動が強かった。蒸気機関車から出た「火の粉で火災になる」、貨幣のもとになる鉄の上を走るなど「贅沢極まりなくてけしからん」などの反対運動が起こったというから驚きだ。

▲鉄道開通当時の「新橋停車場」(新橋駅)。

▲「横浜停車場」は現在の桜木町駅付近にあった。

6つあった陸蒸気の停車駅

1872(明治5)年6月12日に品川駅―横浜駅間で、1日2本の運行で、仮開業を開始。同年、10月14日に新橋駅―横浜駅間で正式開業した。

●新橋駅
新橋鉄道館、新橋ステン所と呼ばれた。

●品川駅
1872(明治5)年6月12日仮開業時の始発駅。

●川崎駅
開業当時は海沿いの簡素な駅だった。

●鶴見駅
1872(明治5)年10月14日の本開通の翌日に開業。

●神奈川駅
多くの渡船業者がこの駅の開業で職を失ったという。

●横浜駅
現在の桜木町駅付近にあった立派なつくりの駅。

[錦絵で見る鉄道開通の時代]

錦絵から垣間見る黎明期の鉄道

黎明期の鉄道については、写真や資料が極端に少ない。しかし、当時の錦絵からは、その生き生きとした姿を垣間見ることができる。

用地買収に手間取ったため3分の1が海上ルートを走った陸蒸気。海上に築かれた築堤の様子がよく分かるのが、『東京蒸気車鉄道一覧之図』だ。陸蒸気が走る鉄道の様子を、東京湾、海岸線、富士山まで俯瞰的に描き、新橋駅―横浜駅間の路線全体の姿も理解できる。

黎明期の鉄道の始発駅は新橋駅だった。時代の先端を行く鉄道の象徴らしく、新橋駅は煉瓦や石造りのモダンな洋風建築だった。『東京新橋煉化石鉄道蒸気車真景図』には、そんな新橋駅と停車中の陸蒸気が描かれ、駅前には、馬車や人力車、荷車が行きかい、鉄道開通により賑わう新橋駅の様子が分かる。

新橋駅を出発した陸蒸気は、品川駅を経て、横浜駅に向かった。当時、品川駅付近の海上の築堤は、新たな風物になっていたという。そんな風景を描いたのが『高輪鉄道より汐留鉄道一覧の図』で、赤い雲のようなもので画面を上下に分け、上段に新橋駅付近、下段に品川駅付近を描いている。また、当時の横浜駅と横浜港周辺の情景を描いた『横浜海岸鉄道蒸気車之図』からも、鉄道がもたらす賑わいが分かる。

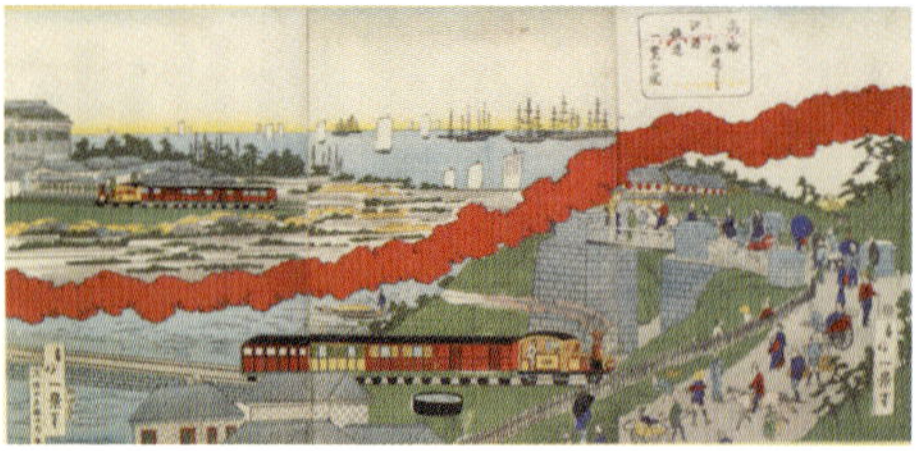

▲『高輪鉄道より汐留鉄道一覧の図』(昇斎一景)。

▲『東京蒸気車鉄道一覧之図』(歌川芳虎)。

▲『東京新橋煉化石鉄道蒸気車真景図』(二代目歌川国輝)。

▲旧新橋停車場の駅舎を復元した無料の資料展示室。

黎明期の鉄道に会いに行こう

鉄道博物館で「1号」機関車を見よう

大宮の鉄道博物館に保存、展示されているのは、１８７１（明治5）年、日本の鉄道開業に際して輸入された10両の蒸気機関車のうちの1両で、鉄道記念物であり重要文化財に指定されている「150形」機関車。阪神地区で使われたあと、明治末に島原鉄道に譲渡されていたが、１９３０（昭和5）年、「1号」機関車であることから国鉄（当時は鉄道省）に返還されている。

そして、後ろに連結されている客車は、明治期の図面をもとに復元されたものであり、車長5m足らずという下等車。当時は上等、中等、下等の区分であった。照明はランプで屋根より入れるものだったようだが、この車両は、新橋駅―横浜駅間で使われたものではなく、大阪駅―京都駅間などで使われたもののようである。

当時の錦絵にこれに相当するものがないという話もある。従って、この組み合わせは大阪駅周辺で見られたのかもしれない。

▲「1号」機関車、当時大きな輸送力が必要と思われていなかった。

▲貴重な「2号」機関車は、京都丹後地方で余生を過ごす。

加悦SL広場で「2号」機関車を見よう

京都府与謝野町滝の旧大江山鉱山駅跡にある加悦ＳＬ広場に、明治の車両が保存されている。旧国鉄「１２０形１２３号機」は、１８７４（明治7）年に阪神間の官設鉄道開業時にイギリスから輸入された4両のうちの1両であり、新橋工場で運転室などが改造されている。神戸に配置されていたが、その後加悦鉄道に払い下げられたもの。鉄道記念物に指定されている。

さらに、その後ろに連結されている「ハ４９９５」は、鉄道作業局新橋工場で１８９３（明治26）年に製造された車両で、下回りはイギリスから輸入されたものである。このほかにも明治大正期の客車があり、映画やテレビで鉄道開通のシーンで幾度かディーゼル機関車に押されて走行している。

輸送力増強に必要だった特急列車

近代化に不可欠な鉄道網の発展

1867（慶応3）年、約260年続いた江戸幕府がその歴史に幕を閉じ、日本は明治維新を迎えた。明治政府は、欧米列強に追いつくため、殖産興業・富国強兵の二大スローガンを推し進める。そこには、新しい交通機関である鉄道の発展が不可欠だった。産業を活発にするための物資と人員の輸送。そして、軍隊の国内、海外輸送に鉄道の果たす役割は計り知れないものがあった。

鉄道の建設計画は、1869（明治2）年には建設が決定し、その3年後の1872（明治5）年には、新橋駅―横浜駅間が開通。その後、日本は、1894（明治27）年の日清戦争、1904（明治37）年の日露戦争に勝利、『大日本帝国憲法』を有するアジア初の立憲君主制国家として、急激な発展を遂げた。それと比例するように、明治時代を通じて、鉄道施設の発展には目を見張るものがあった。

1914（大正3）年にヨーロッパで勃発した第一次世界大戦は、日本の経済に飛躍的な発展をもたらすと同時に、陸運市場の拡大も促進させた。

鉄道施設についても、1919（大正8）年度末には、国有鉄道の総営業㎞は9982㎞、地方鉄道は3227㎞に達した。これは、1892（明治25）年6月に制定された『鉄道敷設法』および1896（明治29）年5月に制定された『北海道鉄道敷設法』に基づいて進められてきたもので、この頃には、既定の幹線に係る予定線はほぼ完成されていた。すなわち、北海道から九州まで、日本全国にもれなく鉄道路線が張りめぐらされていたのである。

さらに、幹線の強化として、1913（大正2）年8月、東海道本線の複線工事も完成した。政府は、長期的な展望に基づいて第2次鉄道網建設計画として『鉄道敷設法』を改正し、1922（大正11年）4月には『改正鉄道敷設法』が公布された。この時、新たに取り上げられた予定線のほとんどは、幹線と幹線とを結ぶ地方開発のための支線網であり、149路線、総延長1万218㎞に及ぶものであった。

輸送力の増強に応えた特別急行列車

このように、大正期において、日本の鉄道は大いに発展を遂げた。そして、昭和に至る激動の時代の中で、

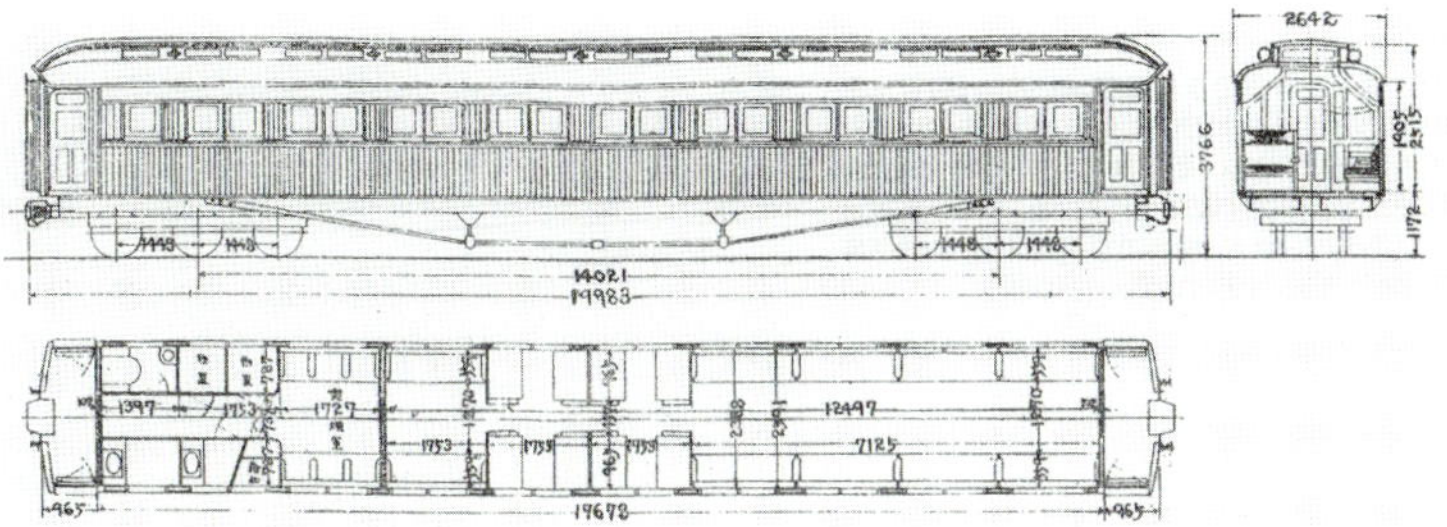

▲鉄道国有化後に登場した初の二等寝台車。

▲「C53形」蒸気機関車に牽引される特急「燕」。

▲戦前の特急「櫻」に使用された「スハ33形」客車。

国内のみならず、朝鮮半島から中国大陸、さらにヨーロッパへと向かう国際連絡運輸の一端を担う特急列車「富士」、「櫻」が登場する。その後に誕生する超特急「燕」とともに、国の威信をかけた高速・豪華列車が花開く時代でもあった。

　大正から昭和の初めは、まさに激動の時代だった。第一次世界大戦による大戦景気は、海運業を中心に成金と呼ばれる富裕層が誕生するほどの好景気を生み出した。

　しかし、大戦が終了すると、一転して不景気が訪れた。多くの企業が倒産すると同時に、財閥と呼ばれる大手銀行を母体とした経済組織が強大な経済力を築いたのもこの時代であった。

　国内においては、大正デモクラシーと護憲運動が起こり、１９１８（大正７）年１月には、ロシア革命に対するシベリア出兵が行われ、米騒動も勃発した。国内外が揺れ動くこうした状況下で、国内と大陸をつなぐ幹線輸送である国際連絡運輸の役割も益々重要なものとなっていく。

　そして、大正時代が終わり、１９２９（昭和４）年、ニューヨークでの株の暴落を発端とした世界恐慌が起こった。アメリカ、イギリス、フランスと異なり、植民地を持たない日本は、ファシズムへ活路を見出し、軍国主義の道へひた走っていくことになる。「富士」、「櫻」、「燕」は、中国・満州進出を目論む国策に則り、大陸との輸送増大に応えるため、重要視されるが、その後、日中戦争の激化によって、その栄光の歴史の幕を閉じることとなった。

前身は国際線の「1・2列車」だった

「富士」の前身は、1912(明治45)6月15日、汐留駅(現在の新橋駅)—下関駅間に、日本初の特別急行列車として運転を開始した「1・2列車」。その編成は、一等車・二等車のみの編成で、最後尾に一等展望車を連結するエリート列車だった。

当時の日本は、日露戦争(1904〜05)の勝利からまだ日も浅く、国威洋々たる時期であった。「1・2列車」の終着駅である下関市からは、朝鮮半島釜山へ鉄道連絡船の関釜航路が運航されており、そこから朝鮮総督府鉄道、シベリア鉄道を経て、はるかヨーロッパのパリ(フランス)、ロンドン(イギリス)に至る国際連絡運輸が行われていた。つまり、「1・2列車」は、その国際線の花形特急として、国の威信をかけて運行されていたということになる。

そのため、「1・2列車」は当時の最高水準ともいえる設備とサービスを有していた。展望車には、ソファーや書棚が置かれ、その一角には貴賓・高官用の特別室を設けていた。また、食堂車も高貴な洋食堂車であった。その後、1914(大正3)年12月20日になると、東京駅が開業し、東京駅発着に変更となった。ちなみに当時の所要時間は、上り下りとも19時間ほどであった。

特急 富士

1929(昭和4)年〜1944(昭和19)年

◀「富士」の牽引に活躍した「C57形」蒸気機関車。

◆編成表

荷物車	1号車	2号車	3号車	4号車	5号車	6号車	7号車	8号車	9号車
スニ 36650	マロネ 37350	マロネ 37350	マロネ 37350	スシ 37740	スロ 30750	スロ 30750	マイネ 37130	マイネフ 37230	スイテ 37000

◆時刻表(1930年10月｜下り｜所要時間:19時間50分)

※略表

東京駅	1300
静岡駅	1613
浜松駅	1724
名古屋駅	1902
大垣駅	1945
米原駅	2024
京都駅	2129
大阪駅	2212
神戸駅	2256
姫路駅	2353
糸崎駅	258
広島駅	443
小郡駅	730
下関駅	850

(各駅間 SL)

初の一般公募により「富士」と命名された

1929（昭和4）年9月15日、鉄道省が特別急行列車に冠する列車愛称を一般から募集した。この時、「1・2列車」は、「富士」というネーミングを与えられた。これが、特急「富士」の誕生である。

1930（昭和5）年10月1日、「富士」のライバルともいうべき超特急「燕」が登場すると、「富士」も東海道本線内を中心にスピードアップが図られた。また、この時期に、木製客車から、より剛性が高く、安全な鋼製客車への置き換えも行われた。

その後も「富士」は、国際線特急としての道を突き進んでいく。1932（昭和7）年3月に樹立された満州国との輸送量増大により、1939（昭和14）年11月、京都駅―下関駅間で二等寝台車・三等寝台車各1両の増結を開始した。しかし、このあたりから、「富士」にも戦争が影を落とし始める。1941（昭和16）年には、日中戦争の激化による輸送力増強のため三等寝台車の使用を中止。翌年、関門トンネルが開通し、「富士」の運行区間が東京駅―長崎駅間に拡大された。

1944（昭和19）4月1日、太平洋戦争の激化により、ついに「富士」の運行は中止された。しかし、「富士」は、中止されるぎりぎりまで、上海航路の運航を支えるなど、国際線特急としての矜持を保った。

Point

- **前身の「1・2列車」は、国際線の花形特急。**
- **「富士」というネーミングは一般公募で決まった。**
- **より安全な鋼製客車が使用された。**

▲二等寝台車「マロネ49」。戦後は急行で使用。

▲富士山型のテールサインが誇らし気な展望車。

▲桃山調の壮麗な内装が美しい「マイテ39」内部。

▲大宮の鉄道博物館に保存展示される「マイテ39」。

すべて三等車で編成された「3・4列車」

1912(明治45)6月15日に汐留駅―下関駅間で運転を開始した「1・2列車」(「富士」の前身)は、一等車・二等車のみで編成されたエリート列車だった。「1・2列車」は、朝鮮・中国大陸からヨーロッパ連絡への使命を負い、その任によく応えていた。しかし、大正時代に入ると、幹線である東海道本線の複線化、鉄道の大衆化、大陸への輸送量増大などの諸事情が重なり、より輸送力アップの必要に迫られることになる。

そうした中で、1923(大正12)年7月1日、「3・4列車」が東京駅―下関駅間で運転を開始した。すべて座席のみの三等車だけで編成された第2の特急列車の誕生である。二等車が連結されなかったのは、エリート特急である「1・2列車」との差別化といわれている。「3・4列車」は、展望車も連結されず、食堂車は和食堂という、「1・2号列車」と比べると、まさに大衆的といってよい特急列車であった。

しかし、「3・4列車」に与えられた使命もまた「1・2列車」同様に、大陸への輸送と連絡であった。そのため、下りは「1列車」の先に、上りは「2列車」の後に運転された。当時、「3列車」は、東京駅―下関駅間を23時間20分で結んでいた。

特急 櫻

1929(昭和4)年
〜
1942(昭和17)年

◀三等車のみで編成された庶民的な特急列車。

◆編成表

電源車	1号車	2号車	3号車	4号車	5号車	6号車	7号車	8号車
カニ 39500	スハ 33900	スハ 33900	スハ 33900	スシ 37740	スハ 33900	スハフ 32550	スハ 33900	スハフ 32550

◆時刻表(1930年10月｜下り｜所要時間:20時間8分)　※略表

東京駅	静岡駅	浜松駅	名古屋駅	大垣駅	米原駅	京都駅	大阪駅	神戸駅	姫路駅	糸崎駅	広島駅	小郡駅	下関駅
1245	1600	1711	1850	1918	2013	2118	2200	2243	2341	244	429	713	853

(各駅間 SL→)

「櫻」と命名され、国鉄の看板特急へ成長

1929(昭和4)年9月15日の改正により、「3・4列車」にも愛称名の公募が行われた。これは、大正末期に起こった世界恐慌の影響を受け、不況にあえぐ世相の中で、鉄道の一層のイメージアップを図るという狙いがあった。そして、「3・4列車」は、日本の花の代名詞ともいえる「櫻」と命名され、列車後部には淡い赤字に桜の花が描かれたテールマークが取り付けられた。

1930(昭和5)年10月1日のダイヤ改正で超特急「燕」が登場すると、「櫻」は、「富士」とともに東京発の時間帯を午前から午後に変更し、車両も木製から鋼製に置き換えられた。スピードアップが図られるとともに安全化も強化されたのである。この改正で、従来から所要時間が2時間55分と大幅に短縮された。この後、国際線の一翼を担う国鉄の看板特急として、三等車のみの編成では力不足との意見があり、後に二等車が連結されるようになる。

しかし、激化の一途をたどる日中戦争の影響は「櫻」にも大きな影響を与えた。人員を中心とした輸送量アップのため、三等車は一般客車に置き換えられ、三等寝台車の連結も廃止された。そして、1942(昭和17)年、急行に格下げされた。

Point
- **前身は三等車だけで編成された「3・4列車」。**
- **愛称名は一般公募により「櫻」と命名された。**
- **日中戦争時には輸送力アップに貢献。**

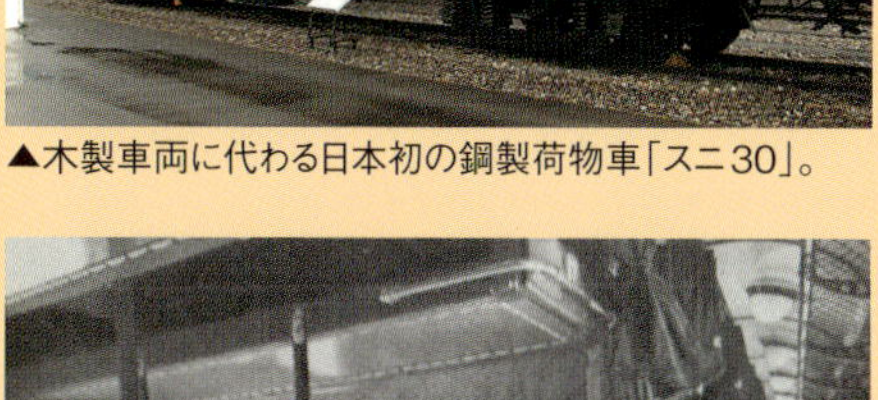
▲木製車両に代わる日本初の鋼製荷物車「スニ30」。

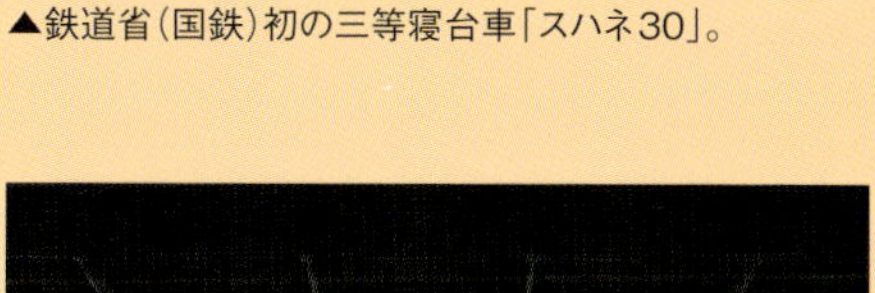
▲鉄道省(国鉄)初の三等寝台車「スハネ30」。

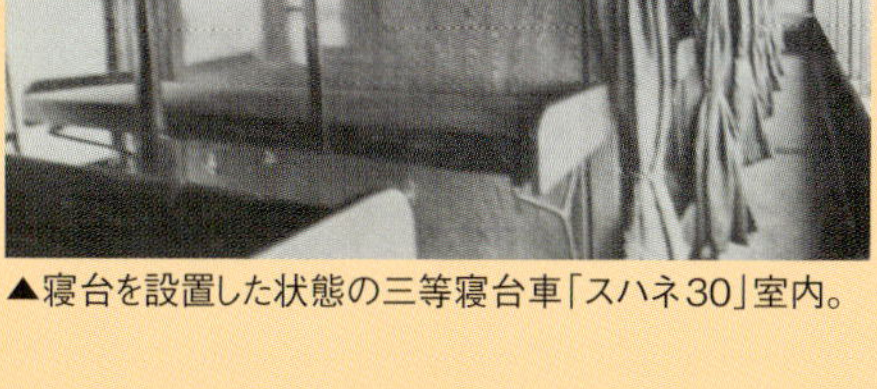
▲寝台を設置した状態の三等寝台車「スハネ30」室内。

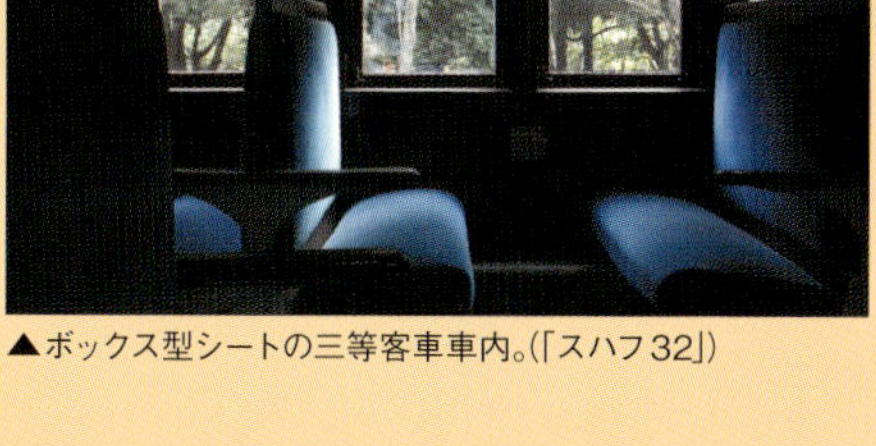
▲ボックス型シートの三等客車車内。(「スハフ32」)

戦前に君臨した、超高速特急列車

１９３０（昭和５）年10月1日、東海道本線の東京駅―大阪駅間のスピードアップのため「燕」は誕生した。当時、同区間は、「富士」が10時間40分かけて走っていたが、「燕」はそれよりも2時間20分も短縮する8時間20分で結んだため、超特急と呼ばれた。（正式種別は特別急行）

なぜ、そのように大幅なスピード化が図れたのか。そこには、機関車交代、補機連結、給水時間の短縮など、とんでもない離れ業があった。

機関車は、水槽車付きの「C51形」蒸気機関車（丹那トンネル開通後、沼津以西は「C53形」）が採用され、東京駅―名古屋駅間は、通し運転が行われた。そして、要衝である箱根、関ヶ原では、国府津駅、沼津駅、大垣駅で補機を、わずか30秒間の停車中に連結、難所を越えるとすぐに走行開放を行った。この間の乗務員交代も走行中に行われ、乗務員は機関車、水槽車のデッキを通り、客車へと行き来をしたという。

１９３４（昭和９）年12月1日に、丹那トンネルが開通すると、所要時間はさらに8時間に短縮された。この時の、「燕」の表定速度は、69・6㎞／ｈに達している。しかし、１９４３（昭和18）年、戦局の悪化にともない、超特急「燕」は、その雄姿を消した。

特急 燕

1930（昭和5）年
〜
1943（昭和18）年

Point
- 我が国で初めて超特急を冠された高速列車。
- スピードアップのため東京駅―名古屋駅間は通し運転。

▲戦前の超特急として名を馳せた特急列車。

▲沼津以西は流線型の「C53形」蒸気機関車が牽引した。

◆編成表

1号車	2号車	3号車	4号車	5号車	6号車	7号車
スハニ36550	スハ32600	スハ32600	スシ37740	スロ30800	スロ30750	マイネフ37200

◆時刻表（1930年10月1日｜下り｜所要時間:8時間20分）　※略表

東京駅		横浜駅		国府津駅		名古屋駅		大垣駅		京都駅		大阪駅
900	SL⇒	927	SL⇒	1010	SL⇒	1434	SL⇒	1512	SL⇒	1644	SL⇒	1720

戦前の豪華展望車、寝台車が奇跡の現存！

「富士」に連結された「マイテ49形2号車」と「マイテ39形11号車」

「マイテ49形2号車」は、1938（昭和13）年、鉄道省大井工場で「スイテ37040」として製造された一等展望車。戦前は特急「富士」の最後尾に連結されていた。交通科学館に保存されていたものを復活させ、現在は、JR西日本網干総合車両所宮原支所（新大阪駅南側）に配置されている。イベント列車に使用されるものの、老朽化により、その使用回数は少ないが、「SLやまぐち号」に連結されたこともある。2017（平成29）年、全般検査を受けており、まだ現役で使用される模様。情報誌などをこまめにチェックして、乗車や撮影の機会をゲットしたい。

また、特急「富士」用として、1930（昭和10）年に鉄道省大井工場で、「スイテ37011」として製造された一等展望車が「マイテ39形11号車」である。「20系」電車登場により、1960（昭和35）年定期運用から引退して、青梅鉄道公園に保存展示されていたが、JR東日本大井工場にて復元が試みられた。しかし、桃山式の複雑な内装構成のため、完全な復元には至らず、現在の技術でできる可能な限りに復元され、鉄道博物館に保存展示されている。

▲「戦前の寝台車の様式を見ることができる貴重な車両。

▲戦前の食堂車。戦後は急行「日本海」に使われた。

貴賓車「マロネフ59形1号車」と食堂車「スシ28形301号車」

「マロネフ59形1号車」は、1938（昭和13）年「スイロネフ37292」として、皇族貴賓専用寝台車として製造された車両、特急「富士」などにも連結されたことがある。交通科学館に展示保存されていたが、京都鉄道博物館開館により、移されて展示されている。通常は内部の見学はできない。

また、1933（昭和8）年に、二等食堂合造車「スロシ38001」として製造された車両が「スシ28形301号車」だ。「スハシ38形102号車」を経て、交通科学館で食堂として使われていた。

昭和、それは私鉄の高速鉄道誕生の時代！

▲日本最初の長距離用電車・新京阪「デイ100形」。

▲車体長20mの阪和電鉄高速用大型電車。

現在の電車の基礎となった車両たち

明治時代から大正時代は日本列島を結ぶ幹線鉄道の整備と都市圏の地域交通整備、寺社への参詣鉄道などの時代であった。それは、日本が近代国家へと脱皮する過程で、欧米列強に並ぶ経済発展や文化向上を必要とした時代で、鉄道の整備は必要不可欠であった。そして、1919（大正8）年には、『私設鉄道法』に代わる『地方鉄道法』が公布されて、そのための環境が整備された。

さらに、昭和になると、電車は、馬車鉄道や人力車など都市交通の代替であったものから、その性能の進歩により、完全に高速鉄道の主役としての位置に変わった。車両は、従来の10、12、16ｍの車体長の木造、半鋼製のものから19、20ｍの鋼製電車が続々登場、最高時速も100㎞／ｈを超え、800馬力という現代の電車と変わらないものとなってきた。

そんな新時代の電車として、最初に登場した新京阪「デイ100系」は、メートル法ではなく、ヤードポンド法での設計のため、19ｍという車体長になったが、メートル法の採用により、すぐに20ｍやそれを超える長さの車体が現れている。しかし、大型・高性能がゆえに、性能や重量の制約があり、ローカル線への転用もきかないといったデメリットも生じた。

そして、その結果として、昭和初期に登場した高速電車のほとんどの車両が解体されてしまい、保存車両があまり現存しないのは残念なことである。

このコーナーでは、昭和初期に誕生した代表的な高速私鉄電車車両を紹介する。いずれも、現在の電車の基礎となった名車といって差支えのない車両たちである。このほか、東京地下鉄道、小田原急行電鉄、名古屋鉄道などの鉄道会社も昭和初期に開業し、現代に通じる高速電車の始まりになっていることも忘れてはならない。

大阪から伊勢へ2時間！最高速度は110㎞／h

参宮急行とは現在の近鉄大阪線の前身で、1930(昭和5)年11月に桜井駅―宇治山田駅間が開業した。1932(昭和7)年から上本町駅から宇治山田駅への直通特急の運転を開始、そこで活躍したのが「デ2200系」である。車体長20mを採用、省線(国鉄)に先駆けた長距離用電車として登場した。最高速度110㎞／h、33‰の登り勾配でも時速65㎞／hという高性能ぶりは、現在の電車と比べても遜色がない。

両運転台の電動車「デ2200形」と、荷物室特別室付制「デトニ2300形」、付随車「サ3000形」、制御車「ク3100形」からなり、貴賓車「サ2600形」もあった。電気暖房を装備し、省線の二等客車よりゆったりした座席を備え、トイレも設置されていた。

1939(昭和14)年以降製造の「2227形」後のグループの車両は、張り上げ屋根のスマートなスタイルとなり、転換クロスシートを装備し、「2200形(新)」、または「2227形」と呼ばれた。このグループは戦時要請により、1067㎜軌間への変更も可能な構造とされていた。

1970(昭和45)年の万博輸送に活躍し、晩年は名古屋線で主に急行や普通で使われ、1975(昭和50)年に廃車となった。

参宮急行電鉄 デ2200系

1932(昭和7)年〜1975(昭和50)年

Point
- 最高速度110km/hの高性能高速電車。
- 当時としては画期的であった電気暖房を装備。

▲重厚な雰囲気の「2200形」。濃緑色は後に海老茶色。

▲「2227形」とも呼ばれる張り上げ屋根の増備車両。

▲「2200形」の各駅停車版である「2000形」。

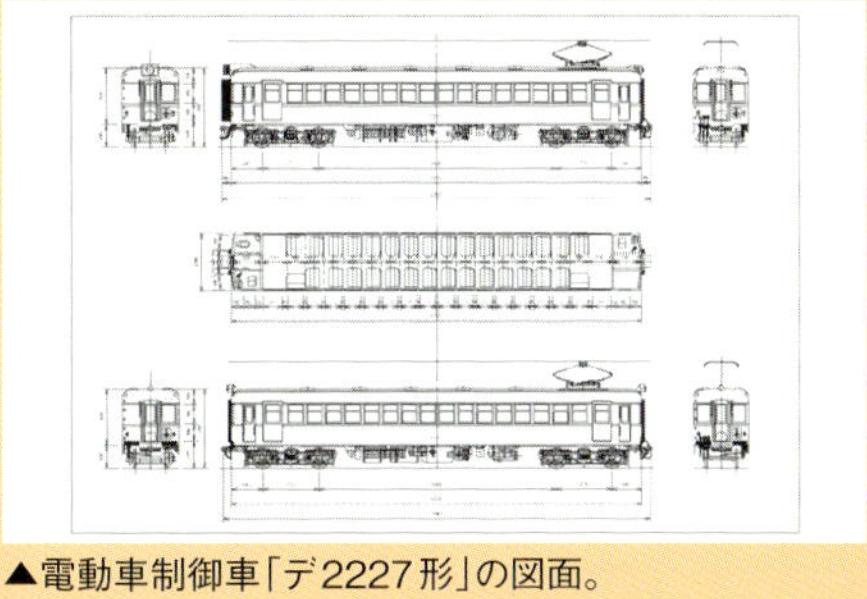

▲電動車制御車「デ2227形」の図面。

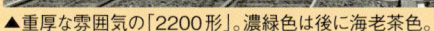

国鉄の超特急「燕」を追い抜いた韋駄天！

新京阪鉄道は現在の阪急京都線の前身で、京阪電鉄の子会社として1928（昭和3）年に、大阪の天神橋駅から京都の西院駅間で開業した。1930（昭和5）年には京阪電鉄に吸収されているが、将来的に、滋賀県土山、三重県四日市などを経由して名古屋までの名古屋急行電鉄へ直通するという、壮大な計画の一部であった。

そこで、長距離運転に耐える特急電車として1927（昭和2）年から1929（昭和4）年にかけて73両が製造されたのが、「デイ100系」で、「デイ」の称号は京阪電鉄時代につけられた。電動車「デイ100形」、付随車「フイ500形」、貴賓車「フキ500形」の総勢73両が製造されたが、当初、中間車の貴賓車以外は両運転台であり、単行運転も行われた。

車体長19mは当時としては最大級で、名古屋までの運転に備え800馬力と強力なモーターを装備した。京都府山崎付近での東海道本線との並走区間では、国鉄の誇る超特急「燕」を追い越したというエピソードも残っている。しかし、当時のダイヤをみると、当時最速の「超特急」ではなく、急行電車であったようだ。しかし、そのスピードにもかかわらず、乗客は少なく、1両のみでの運転が多かったようである。

新京阪鉄道 デイ100系 (P-6)

1927（昭和2）年
〜
1972（昭和47）年

▲正雀工場で保存されている「デイ100形116号」。

▲千里線で最後の奮闘をしていた「デイ100系」。

▲動態保存の「116号」。連結相手は神戸線の「900形」。

戦中から戦後にかけても大活躍した名車両

初期の車両は長距離の運用に耐えられるようにと、二重窓であった。しかし、当初予定されていた滋賀県の降雪地帯を走ることがなかったため、中期、後期は簡素化されて普通の窓になった。さらに、車両も全鋼製から一部を木造とした半鋼製として軽量化を図っている。

貴賓車は1928(昭和3)年の「昭和の御大典」に際して、川崎車両で1両が製造されたものでフカフカの絨毯の上にソファーが配置され、随行員室や洋式トイレも設置されていた。しかし、記録をみると、20数回使用しただけであった。1944(昭和19)年にドイツ大使が利用したのを最後に、桂車庫で休眠していたが、1949(昭和24)年に一般車に格下げされて使用されるようになった。

その他の一般車は、戦時体制になってクロスシートがロングシートに変えられたが、戦後の特急復活に際し、状態の良い6両にクロスシートを再度設置している。また、戦後は編成の長大化により、片運転台化や、電動車の付随車化、車体の更新などが行われた。さらに、梅田駅乗り入れに際して、電気品の交換や車内も照明の更新、そして、方向転換など複雑な経緯を経ている。

Point

- **並走する超特急「燕」を追い抜く韋駄天ぶり。**
- **昭和の御大典に際して貴賓車も製造された。**
- **大阪万博でも輸送の一翼を担った長寿電車。**

▲イベントで正雀工場内をデモ走行する「デイ100形」。

▲正雀工場レールウェイフェスティバルで公開された復元車内。

▲特急用に使われた、セミクロスシート時代の車内。

東武が誇る日光特急のフロントランナー！

１９２９(昭和４)年に日光まで到達した東武鉄道は、全国初の１００㎞以上の長距離電車の運転を開始した。１９３５(昭和10)年から、日光への特急専用車両として24両製造されたのが「デハ10系」だった。「デハ10系」は、「デハ10形」、「クハ10形」、「デハ11形」、「クハ11形」、「デハ12形」、「クハ12形」、「デハ１２０１形」の総称である。車体長18ｍ、全車トイレ付き、クロスシート、売店も設置された。最高時速は95㎞／ｈで、洗練された半流型のスタイルで、過剰な出力が抑えられ実用的だった。

１９４２(昭和17)年、日中戦争の激化により特急は廃止、座席もロングシート化された。戦後、進駐軍専用列車として運転が再開されたのは、１９４８(昭和23)年６月のことであった。翌年には10両を特急専用車両として整備、本格的な運行再開となった。

しかし、その後は一般車に格下げとなった。さらに、１９７１(昭和46)年から１９７５(昭和50)年にかけて、車体を載せ換えて通勤形電車にするという改造工事が行われた。これにより、「３０５０形」と「３０７０形」に生まれ変わり、順次姿を消していった。１９９６(平成８)年に全車廃車となり、すべて解体されている。

東武鉄道 デハ10系

1935(昭和10)年
〜
1996(平成8)年

Point
- 洗練された半流型のスタイル。
- 最高速度 95km/h の実用的な特急。

▲上信電鉄「デハ11」、元東武「デハ1」で昔の東武風。

▲当時私鉄最長距離を走破した、堂々たる長距離電車。

▲当時の電車は窓枠のＨゴム化が行われた。

表定時速81・6km/hは、国内最速の超特急！

阪和電鉄は、国鉄阪和線の前身で、意図的に直線が多い高速鉄道として1930(昭和5)年、阪和天王寺(現天王寺)駅―阪和東和歌山(現和歌山)駅間が全線開業した。その前年の部分開業時に登場したのが、車体長20mの「モヨ100形」鋼製電車だった。

電車の編成は4両までが常識とされていた中、アメリカのウエスチングハウス社設計の自動空気ブレーキを装備し、6両以上の編成ができるという当時の電車としての最長編成が想定されていた。

形式の「モヨ」の「ヨ」とは、クロスシートのことで、扉間にシートピッチ1830㎜というゆったりした10組の向かい合わせの座席が配置されていた。モーターも150kwと当時では強力なものが装備された。

1933(昭和8)年には、制御車の「クヨ500形」を従えて、阪和間を45分で結ぶ「超特急」の運転が開始された。表定時速81・6㎞であり、戦後の国鉄特急「こだま」の登場まで日本最速を誇った。1941(昭和16)年、戦争激化で超特急は廃止。まもなく、戦時買収により国鉄となったが、「モヨ100形」はロングシート3扉に改造されて国鉄形式「クモハ20形」となり、1968(昭和43)年に全車廃車された。

阪和電鉄 モヨ100形

1929(昭和4)年
〜
1968(昭和43)年

Point
- 天王寺駅―和歌山駅間をわずか45分で結んだ。
- 当時としては6両以上の最長電車編成を想定。

▲阪和形「クタ」を従えて走る、通勤型の「モタ300形」。

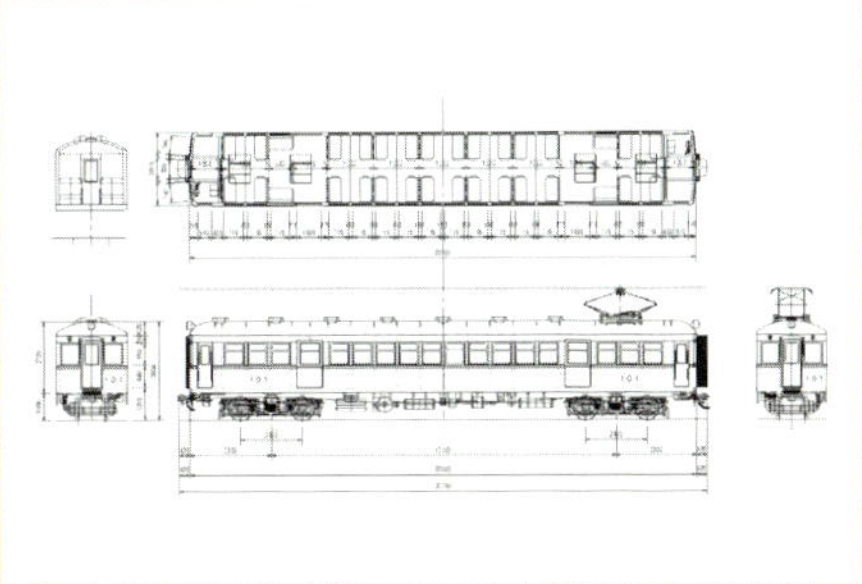
▲電動制御車「モヨ100形」図面。

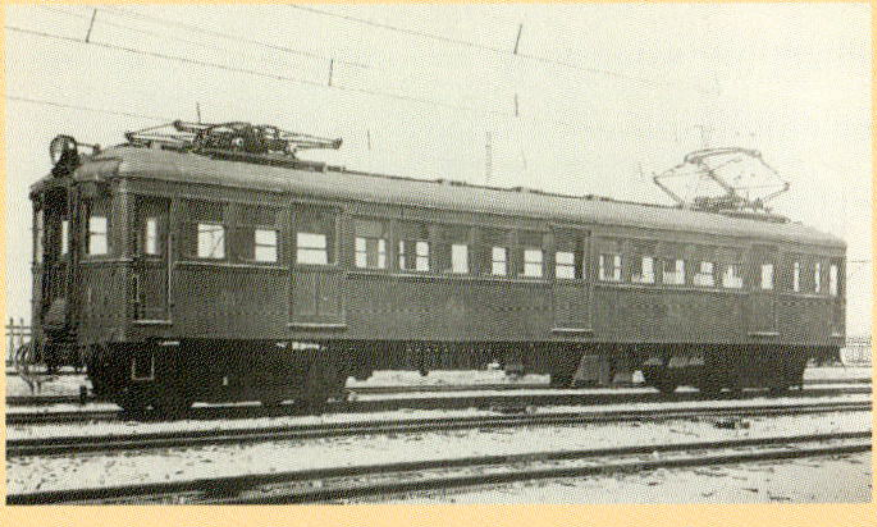
▲開業時から「モヨ100型」とともに活躍した通勤電車「モタ300形」。

▲「モヨ100型」と同時に製造された手荷物合造車「クテ700形」。

大人気となった日本初の冷房電車

南海電鉄の前身、南海鉄道が阪和鉄道に対抗すべく、特急・急行用として1929(昭和4)年に登場させたのが、「モハ301形(電9形)」であった。これが、20mの車体に、800馬力という大出力の鋼製電車「2001形」である。

ペアとなる制御付随車は「クハ911形(電附12形)」、後の「クハ2801形」であり、18mの「クハ2851形」と合わせ、21年にわたり合計45両が製造、南海鉄道を代表する電車となった。

そして、1936(昭和11)年、「クハ2802号」に冷房装置を試験搭載、我が国初の冷房電車となった。当時は珍しさから、常に超満員。冷房が効かず、かえって車内は暑かったともいう。翌年には好評のため8両に拡大したが、戦火の拡大により、贅沢とみなされ冷房装置が撤去された。

また、1934(昭和9)年から6年間、大出力モーター搭載の利点を生かし、省線の紀勢本線へ直通する客車を「モハ」2両で牽引する、南紀直通列車という大役を務めた。1951(昭和26)年に復活した南紀直通列車には再び登用されて今度は3両で牽引した。しかし、直通用の気動車が製造されたこと、また、「7100系」新造車両の投入により同年、廃車された。

南海鉄道 2001形

1929(昭和4)年
〜
1951(昭和26)年

Point
- 我が国初の冷房電車として人気。
- 800馬力は当時の日本最大出力。

▲阪和電鉄と競い、速度は劣るが乗客数では勝った。

▲京福電鉄福井支社で使われた元南海「1201形」。

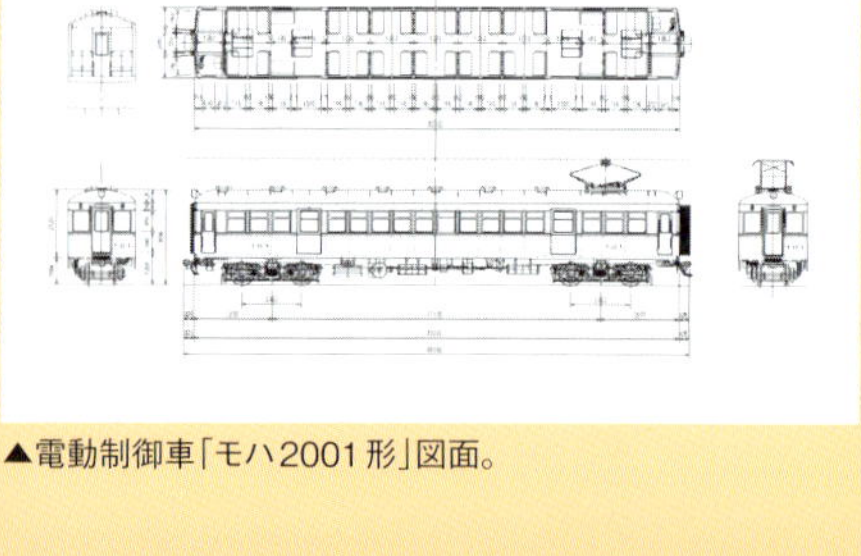

▲電動制御車「モハ2001形」図面。

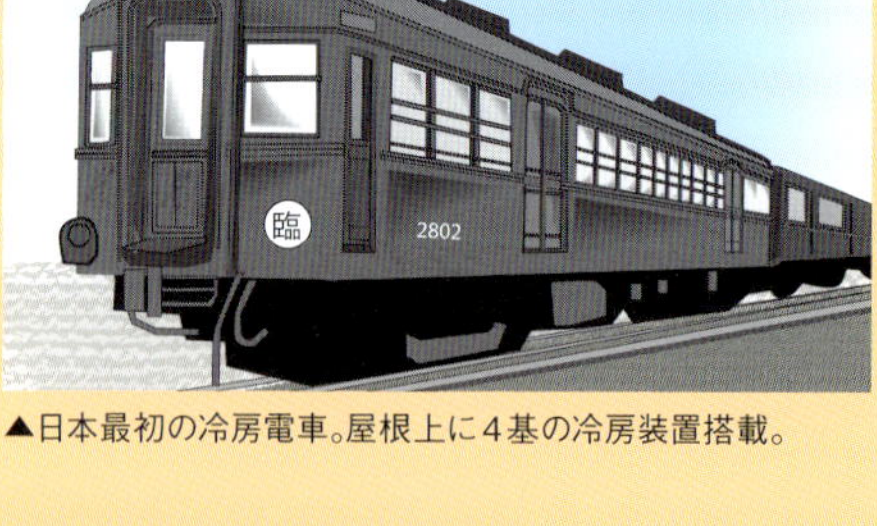

▲日本最初の冷房電車。屋根上に4基の冷房装置搭載。

日本の高速電車のベースとなった名車を訪ねる

実物はあまりないので、大型模型で見よう

2012(平成24)年に、横浜市西区高島の横浜三井ビル内に開館した「原鉄道模型博物館」(入館料1000円)には、約6000両もの模型車両がある。ここに収蔵されている大型模型は迫力満点で、当時を彷彿とさせるものばかりだ。

▲迫力満点の模型が見られる「原鉄道模型博物館」。

参宮急行「デ2200系」では、「デ2201」、「サ3001」、「デトニ2301」の3両が登場時の姿を再現した大型模型があり、車内のセミクロスシートもよくわかる。新京阪鉄道「デイ100系」は、「101」、「102」、「103」があり、2両が展示されている。東武鉄道「デハ10系」は、「1102」などが特急の看板をつけた薄茶色の車体が美しく、ジオラマを走行していることもある。

▲能勢電からも部品を集め見事に修復された「デイ100系」。

動態保存されている、新京阪「デイ100系」

阪急京都線正雀工場には、新京阪鉄道「デイ100系」、つまり阪急になってからの「100形116号」が動態保存されている。初期の「P6-A」というグループにあたり、汽車製造東京支店で製造されたものだ。貫通幌や高圧引き通し線などは図面をもとにして、新たに製造したものを取り付けているほか、能勢電などからも古い部品を掻き集めて、見事に復元されている。現在は、春と秋に行われるイベントで、構内を展示走行して乗車できる。(要事前申し込み)

また、実車ではないが、1988(昭和63)年公開のアニメ映画『火垂るの墓』(スタジオジブリ作品)では、阪急電車のシーンで「デイ100系」が描かれている。窓の数が違うものの、阪急電鉄の協力ということで間違いないようだ。シーンの舞台は神戸線ではあるが、現存の「デイ100系」が存在するので使われたと考えられる。アニメ作品なので、図面や写真から詳細に書き起こすことができ、スタジオジブリのこだわりが感じられる。

特別急行列車の誕生 [1929（昭和4）年～]

戦時中、特急「櫻」の三等車は病客車に改装された。

豪華な展望車。特急「燕」の最後尾に連結された。

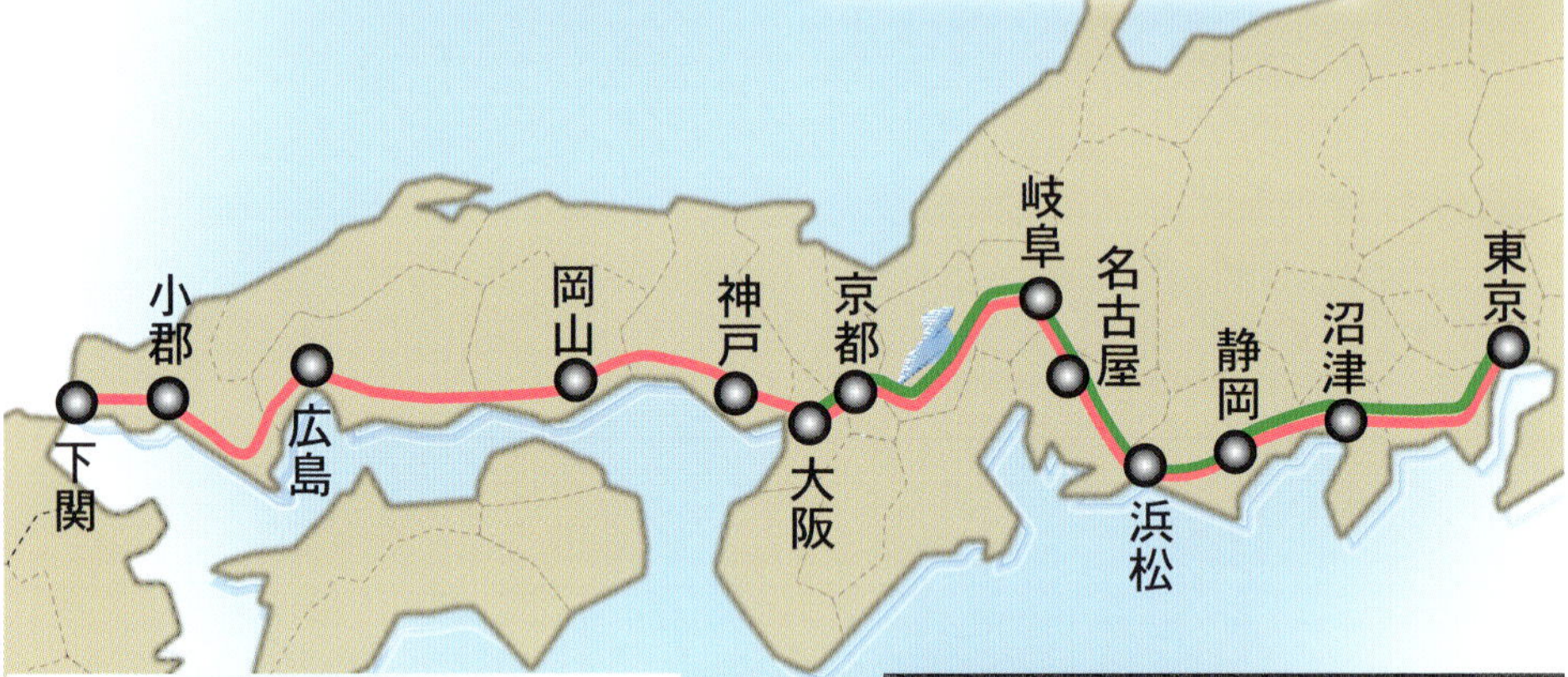

「C53形1号機」。特急「富士」を牽引した流線型蒸気機関車。

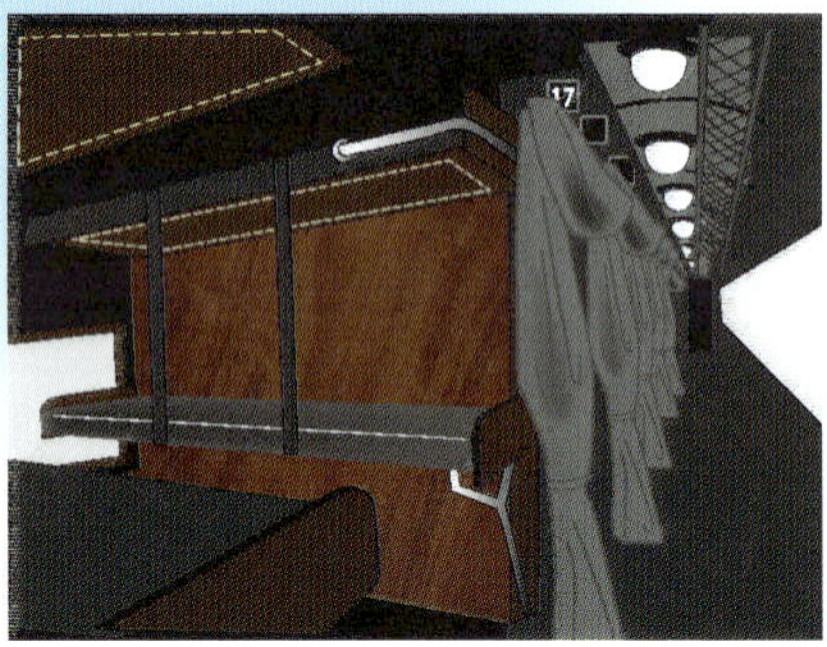

三等寝台車「スハネ30100」。特急「櫻」に連結された。

特急 富士　東京駅―下関駅（19時間50分）

特急 櫻　東京駅―下関駅（20時間8分）

特急 燕　東京駅―大阪駅（8時間20分）

私鉄の高速鉄道の誕生 [1930（昭和5）年〜]

「燕」を追い抜いた超特急 新京阪鉄道「デイ100系」。

洗練されたスタイルが人気。東武鉄道「デハ10系」。

最高速度110km/hという高性能電車。
参宮急行電鉄「デ2200系」。

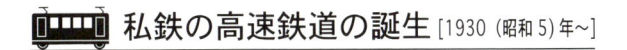

大きな夢の計画。東海道新幹線のルーツ!

弾丸列車計画が新幹線の成功を導いた

1964(昭和39)年10月1日、東海道新幹線が開業した。それは、10日後に始まる東京オリンピックに間に合わせるための、突貫工事であった。その驚異的なスピードでの工事完成には、戦前の「弾丸列車計画」があったから成し得たともいえる。では、その計画とはどのようなものだったのだろう。

東京から下関、アジア各地を結ぶ壮大な計画!

1931(昭和6)年、満州事変により大陸への侵攻を進めていた日本は、翌年、満州(現在の中国東北部)に満州国を建国。その開発などに輸送需要は逼迫することが予想された。1937(昭和12)年に盧溝橋事件が起きると、その心配はますます高まった。そこで、翌年に鉄道省(当時の国鉄)に、昭和天皇の勅令という形で鉄道幹線調査会が設立され、現在の東海道・山陽本線とは別の高規格鉄道を敷設すべきであるとの結論を出すに至った。高規格鉄道は、1067㎜軌間の在来線に対し、1435㎜軌間の広軌であったため、鉄道省では、これを広軌幹線と呼んだのである。

当時の新聞などは、この言葉ではわかりにくいので「弾丸列車」という表現が使われた。また、「新幹線」という用語も初めて文献に登場した。あくまで、部内用語であり一般的ではなかったが、「新幹線」の名称はこの時に誕生した。なお、1435㎜軌間を採用したのは、朝鮮や満州の鉄道への直通運転を考慮してのことであると同時に、国内の輸送量を大型車両によって増大させたいという二つの理由からであった。

弾丸列車のルート。その線路の基本計画

東京駅から下関駅までの約1000㎞を基本に、その先は連絡船により日本海を渡り、朝鮮半島の釜山へ。そこからは、鮮鉄(朝鮮総督府鉄道局)、南満州鉄道を経由して北京など中国各地、さらには、シベリア鉄道を経由してヨーロッパ各地へ。釜山へは将来は、福岡近郊の松浦付近から対馬海峡海底トンネルも計画、そして、下関から長崎へと延長し、そこから連絡船で上海へも結ぶという計画であった。その計画は太平洋戦争の初期の戦線

拡大とともに、シンガポール、インド、果ては中央アジア横断鉄道を新設。それを介して中東イラク、シリア、トルコへ伸ばそうという壮大な計画まであがった。

国家の威信をかけて行われた建設への道

1940(昭和15)年、まずは優先して建設すべき区間として、東京駅―下関駅間の『新幹線建設基準』が制定され、帝国議会において『広軌新幹線鉄道計画』が承認された。完成目標は1954(昭和29)年とされ、総予算は5億5600万円(現在の価値にすると、およそ1兆1000億円)で、その内の13%が用地買収費用とされた。これで大筋の形が整い、1942(昭和17)年3月には起工式が行われ、工期の長くなるトンネルの内、日本坂トンネル、新丹那トンネル、新東山トンネルなどの工事が着工された。合わせて用地買収も順次行われたが、国家の威信をかけた事業であることから、買収は半ば強制的なものであり、戦後になり返還された土地もあった。

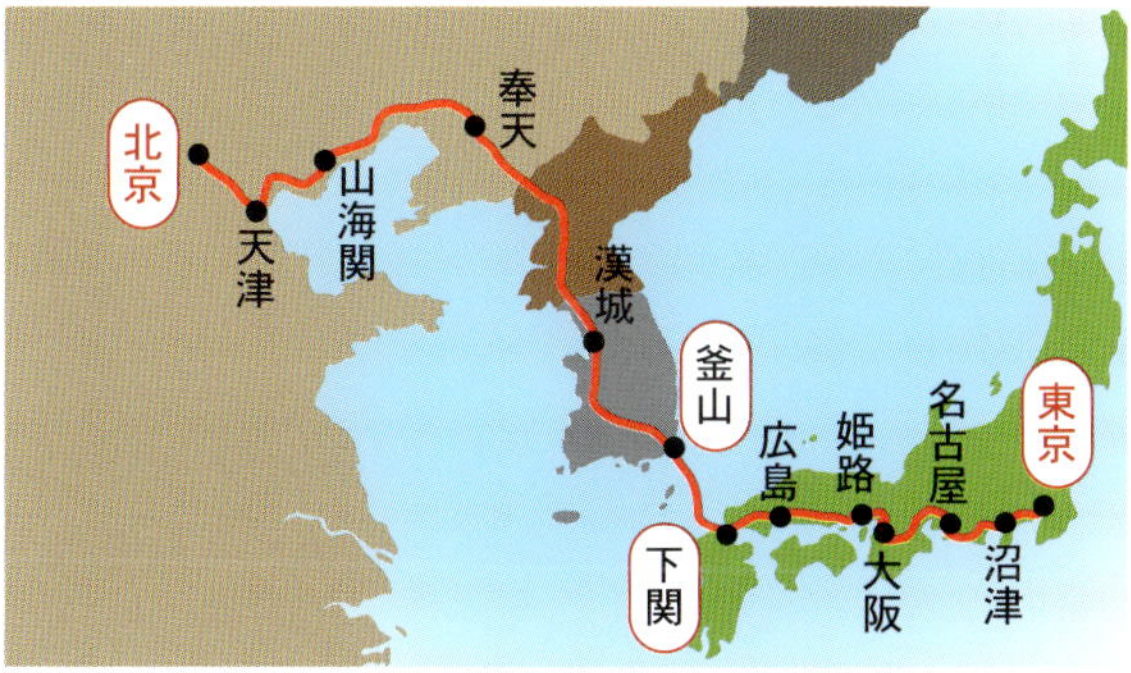

▲海底トンネルで釜山、漢城(ソウル)経由で北京へ。

弾丸列車が通る、その路線計画とは

東京駅から下関駅までの984・4kmに、複線の1435mm軌間新線をできるだけ直線を増やし、勾配を抑えて高速運転できるように建設する。これが、「弾丸列車」路線計画の基本であった。

加えて、停車駅も抑え、東京駅・横浜駅・小田原駅・熱海駅・沼津駅(後に三島駅)・静岡駅・浜松駅・豊橋駅・名古屋駅・京都駅・大阪駅・神戸駅・姫路駅・岡山駅・尾道駅・広島駅・徳山駅・小郡駅(現在の新山口駅)・下関駅とした。この他、貨物操車場として、新鶴見・浜松・名古屋・吹田・岡山・広島・幡生を置く。旅客駅については、福山駅設置案も考察された。

東京駅―静岡駅間、名古屋駅―姫路駅間を電化し、その他の区間は、蒸気機関車に用いることとした。これは、全線を電化すると、停電時に走れないことを心配した軍部の要望によるものとされる。つまり、軍部はこの時点で、将来日本本土が空襲されることを予想していたのである。電化方式は直流3000ボルトで、強力なモーターが使用できる目論見だった。

夢の弾丸列車、その運行計画

電気機関車区間は、最高時速200km/h、蒸気機関車区間は、150km/hで、東京駅―大阪駅間は、現在の「こだま」並の4時間30分（当時の所要時間8時間）、下関駅間は9時間（当時の所要時間18時間30分）で結ぶ計画だった。東京駅―大阪駅間は、旅客82本・貨物24本、大阪駅―下関駅間は、旅客36本・貨物20本の予定であった。旅客列車は特急と急行の2種類で、特急は9両編成とし、急行は夜行のみ（異説あり）で、12～15両編成で、有効時間帯を走るように、東京駅―大阪駅間を9時間とした。

当初は各駅に停車する、いわゆる「こだま」型のみとし、将来的には名古屋駅、大阪駅、広島駅のみ停車する速達型も検討されていた。機関車や展望車などの形状から、編成ごとに向きを変える必要があり、終点駅では三角線を設けるようにしたという。

弾丸列車計画。その多岐にわたる車両

客車の大きさをみると、長さ25m、幅3・4mは、現在の新幹線と同じ。高さは30cmほど高い4・8m。全車冷暖房完備とし、快適性にも配慮していた。手荷物車と郵便車はやや短い22mとし、これは満鉄での実績から決定された。

「イテ」（一等展望車）は、満鉄「あじあ号」と同様の密閉式展望車。定員19人と贅沢なもので空車重量50t、特急の最後尾に連結される。「イネ」（一等寝台車）は、定員20人、空車重量52・5t。「ロ」（二等座席車）は、定員80人、空車重量40t。「ロネ」（二等寝台車）は、定員36人。空車重量52・5t。「ハ」（三等座席車）は、

▲満州鉄道「アジア号」と牽引機「パシナ形」。

◆編成表

	1号車	2号車	3号車	4号車	5号車	6号車	7号車	8号車	9号車
特急昼行	荷物車	3等指定席	3等指定席	3等指定席	3等指定席	3等指定席	食堂車	2等指定席	1等指定席展望車
特急夜行	荷物車	3等指定席	3等指定席	3等指定席	3等寝台車	食堂車	2等寝台車	2等寝台車	1等寝台車

※方向転換をするため、上り下りともに1号車が先頭となる。

◆時刻表（最速達列車・特急）　※略表

東京駅	→	下関駅	→	釜山駅	→	京城（ソウル）	→	奉天（瀋陽）	→	北京
620		1610		030		630		1810		730

◆時刻表（1940年実ダイヤ・特急「富士」→連絡船→急行「ひかり」→急行「興亜」）　※略表

東京駅	→	下関駅	→	釜山駅	→	京城（ソウル）	→	奉天（瀋陽）	→	北京
1500		1030		1850		254		1745		1250

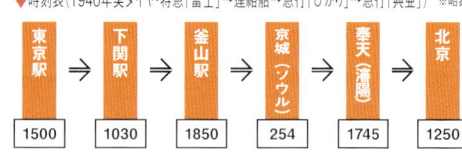

定員96人、空車重量40ｔ。「ハネ」（三等寝台車）は、定員66人、空車重量43・5ｔ。「シ」（食堂車）は、定員36人、空車重量50ｔ。「テ」（手荷物車）は、積載荷物15ｔ、空車重量38・5ｔ、車長22ｍ。「ユ」（郵便車）は、積載郵便17ｔ、空車重量37ｔ、車長22ｍ。

そして、牽引機である蒸気機関車は旅客、貨物、入換用が用意されていた。

旅客用「ＨＣ51形」は、当時のドイツ「05形」を模した流線型機関車。「Ｃ53形」蒸気機関車を広軌高速化したようなもので、２Ｃ２の３シリンダ機関車。動輪直径は２・３ｍと極端に大きかった。これは、満鉄「パシナ形」を上回るものだった。貨物用「ＨＤ53形」は、同じくドイツ「06形」を模した流線型機関車で、軸配置は２Ｄ２の２シリンダ機。「ＨＣ51形」とともに、南満州鉄道の「あじあ号」牽引機の「パシナ」に似たデザインであった。入替用「ＨＥ10」は、高速を出す必要がないので、流線型ではないタンク入替専用機関車で、軸配置は１Ｄ１。

さらに、牽引機としては、旅客用、貨物用の電気機関車も用意されていた。

旅客用「ＥＨＥ50形」は、後の「ＥＨ10」のような２車体式であり、全長32・5ｍ。特急用で、最高時速２１０㎞／ｈと、世界最速の実用運転を行い、反対側は回送運転台という「ＥＦ53形」電気機関車のようなスタイルだった。このため軸配置は２Ｄ１＋１Ｄ１という変則的なものだった。

旅客用「ＥＨＥ50形」は、急行用で最高時速１７０㎞／ｈを目指していた。貨物用「ＥＨＥ10形」は、最高時速95㎞／ｈと控えめだが、これは当時の貨車が高速対応できる技術に達していなかったからだ。

太平洋戦争の戦況悪化により、始まったばかりの弾丸列車計画は、１９４３（昭和18）年3月で中止との決定がなされた。

しかし、日本坂トンネルは、軍部の要請により工事が継続された。完成後は東海道本線として、さらに、東海道新幹線に転用されている。

計画の断念へ、そしてもうひとつの夢

さて、「弾丸列車計画」は、これで終わりではなかった。１９４６（昭和21）年に日本鉄道株式会社が計画を引き継ぎ、東京駅―博多（福岡）駅間（ともに場所不詳）に建設するという「新弾丸列車計画」が持ち上がった。それによると東京駅―大阪駅間を4時間、博多（福岡）駅間を10時間で、旅客電車と寝台客車列車、貨物列車を運転するというものであった。実際に、6月には免許の出願もされたが、実現しなかった。

▲「EHE50形」の計画から生まれた国鉄「EH10形」。

幻の弾丸列車計画の痕跡を訪ねる

今も歴然と残る弾丸列車計画の遺構

弾丸列車計画は総延長約1000kmというものだけに、痕跡は東日本から西日本各地に残されている。それでは、東から順に紹介していこう。

新丹那トンネルを抜けたあたり、静岡県田方郡函南町に、「新幹線」という地名がある。これは弾丸列車の新丹那トンネルの工事関係者の宿舎が置かれた集落ができたときにつけられたもので、今は地名としては「上沢」となったが、「新幹線公民館」という施設や「幹線上」「幹線下」というバス停もある。

東海道本線の新大阪駅から700m、1kmも行かない京都駅寄りに、各駅停車しか停車しない「東淀川駅」がある。開業は1940(昭和15)年、で弾丸列車計画の新大阪駅の位置にあり、先行して開業させたとされている。

現在の新神戸駅北側の布引雌滝の近くの遊歩道に、高さ3mほどの穴を塞いでコンクリートで固めた坑跡がある。「布引弾丸列車調査坑跡」と呼ばれるこの遺構には、かつてトロッコがあり、かなり掘削していたという。この穴の先に地下の弾丸列車「新神戸駅」がつくられていたということである。完成すれば複数のホームを持ち、10m以上の高い天井で世界一の規模の地下駅になっていたことだろう。

また、兵庫県の第二神明道路明石料金所から加古川橋梁の先まで、約8kmの見事な直線道路「加古川バイパス」がある。ここは弾丸列車予定地を転用したもので、4車線の国道である。あまりに直線なためスピード違反が多いそうだが、200km/hで弾丸列車を走らせるためのものだっただけに、といったら語弊があるかもしれない。この道路は1970(昭和45)年に大阪万博を控え開通している。

▲小さな平屋の建物が、新幹線公民館。

▲現在の東淀川駅だが、本来はここが新大阪駅だった。

▲見事な直線道路だが、スピード違反も多いという。

ビジュアルで紐解く

日本の高速鉄道史

～ 名列車とたどる進化の歴史 ～

戦後編

戦災を逃れた車両たち
優等列車の復活
東海道本線二大特急の電化
私鉄のリゾート特急の登場
ブルートレインの登場
国鉄長距離型電車特急の登場
国鉄長距離型
ディーゼル特急の登場
新幹線の変遷

車両も疎開していた

戦争中、疎開させられた豪華列車たち

第二次大戦の空襲が始まると、運休していた特急車両や貴賓車、御料車などの豪華車両は、国鉄私鉄を問わず戦災を避けるために、各地に疎開させることになった。車両の疎開先としては、京成上野駅から日暮里駅の地下線（国鉄客車8〜20両）や阪神三宮駅などの地下線、福知山線の支線であった有馬線のトンネル、さらには、地方各地に分散留置された。こうした措置により、鉄道車両の戦災被害は約1万6000両（うち貨車が約1万両）に留まった。このようにして生き延びた車両たちを紹介しよう。

「マロネ48」は、1929（昭和3）年に「マイネ48120形」として誕生した一等寝台車。初期の鋼製客車であり二重屋根、3軸ボギー車であった。4人室3つと2人室4つの総定員20人という豪華な車両で、8両が製造され、特急「富士」の増結用に使われた。6両が戦火を逃れて、戦後、GHQ専用の東京駅—門司駅間急行「Allied Limited」（アライド　リミテッド）に使用された。

「マシ38」は、特急「燕」、「富士」用食堂車として1936（昭和11）年から3年にわたり6両が「スシ37850」として製造された。1両が戦災で焼失したが疎開により5両が生き延びた。冷房装置を備えていたことから、進駐軍に接収された。「Allied Limited」（アライド　リミテッド）などに使用された。

「マイテ49」は、1938（昭和13）年、「スイテ37040」として2両製造された洋式の展望室の一等展望車。進駐軍に接収され、1号車は「サンディエゴ」、2号車は「リトルロック」と命名され、将校専用に使用された。解除後は特急「つばめ」、「はと」に使われ、2号車はJR西日本で車籍復活して、団体臨時などに使用されている。

「マロネフ59」は、1938（昭和13）年に、「スイロネフ37290」として3両製造された貴賓合造寝台車。皇族用として誕生し、一等寝台の個室、プルマンタイプの二等寝台ともにゆったりした豪華な造りになっている。こ

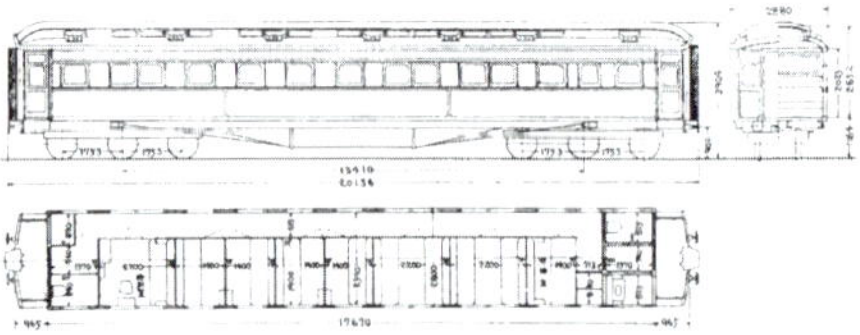

▲大型3軸ボギーの一等寝台車「スイネ28100」。

▲京都鉄道博物館のホームの現役さながらの「マロネフ59」。

のため1号車は後に14号御料車となっており、今上天皇が皇太子の時に乗車され、現在も東京大井の御料車庫に保管されていている。

1945（昭和20）年、進駐軍に接収されて、「ハートフォード」、「メンフィス」、「サンアントニオ」と命名され、第8軍司令官などの将校専用に使われた。その後、3号車は「スイロネフ37」となって皇太子殿下の非公式ご乗車用車両となり、「マイロネフ381」をへて「マロネフ591」となって現存し、京都鉄道博物館に展示されている。

GHQ専用列車「Allied Limited」とは？

ここで「Allied Limited」（アライドリミテッド）について紹介しておこう。1946（昭和21）年1月に運転を開始、東京駅—門司駅間をほぼまる1日かけて運転されていた。米軍基地のある岩国などにも停車していた。3月には呉線経由に変更され、さらに、12月には小倉駅まで延長。1951（昭和26）年1月には、佐世保駅まで延長された。1952（昭和27）年3月31日で、GHQ専用列車としての使命を終えている。

▲「マロネフ59」の貴品ある一等車の車内。

▲日本唯一の3軸ボギー車現役車両「マイテ49」。

◆編成表（1946年1月31日実施 | 「Allied Limited」←門司・東京→）

1号車	2号車	3号車	4号車	5号車	6号車	7号車
オロ	オロ	マロネフ37	マイネフ38	マロネ37	マロネ37	マシ

注:形式は変更あり。1号車の門司寄りに荷物車4両または荷物車3両と郵便車1両を連結、7号車は大阪以西のみ連結。

◆時刻表（1946年1月31日 | 「Allied Limited」 | 下り | 所要時間:25時間20分）　※略表

東京駅	横浜駅	静岡駅	名古屋駅	米原駅	京都駅	大阪駅	岡山駅	広島駅	門司駅
1930	2007	2322	256	452	612	725	1106	1513	2050

（各駅間 SL）

戦災を逃れるため

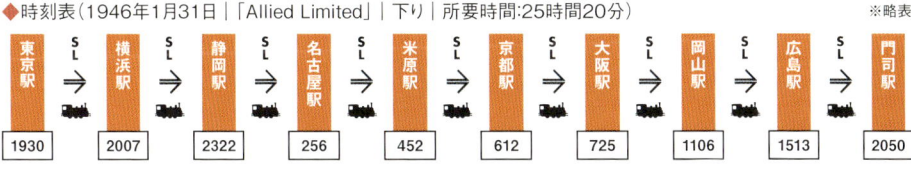

戦後の荒廃からの復興

驚異の復興を遂げた日本の鉄道網

太平洋戦争は、日本全土に大きな打撃を与えた。鉄道においてもそれは例外ではなく、橋梁、駅施設、工場、車両などが大きな損害を受けていた。しかし、それは連合国の予想をはるかに下回るものであった。車両をトンネルに隠したり、線路を草などで覆い隠し、さらに、鉄道施設の被害を大きく見せるような細工を行ったりするなど、あらゆる知恵を働かせて鉄道を守り、修理して動かそうとした多くの鉄道員の活躍があったからだ。

連合国が、日本に占領にやってきた時、鉄道網がほぼ機能していたことに非常に驚いたという文書が残されている。戦後の鉄道は、復員列車の運行や、最優先された進駐軍輸送、そして、食料不足による買い出しなどによる需要の増大に応えるべく、南満州鉄道や朝鮮総督府鉄道局、華中鉄道、泰面鉄道などからの引揚者も含めて、一丸となって復興に努めたことで成し遂げられた。

しかし、特急・急行などの優等列車の運行はすべて休止され、不急不要とされた観光用などの路線は単線化や撤去されているという状況からのスタートを切らざるを得ず、さらに石炭や電力などのエネルギー不足も深刻であった。各区間の所要時間は戦前の倍以上、というものも多かった。国鉄は軍事輸送の貨物優先の体系からの復旧が必要であり、私鉄は国策のために一部を国鉄に編入、他は戦時統合で無理やり合併させられた。

そのような状況ではあったが、国鉄、私鉄とも進駐軍輸送を足掛かりに優等列車を順次復活させていった。東武鉄道の例が分かりやすいが、小田急電鉄や国鉄でも進駐軍輸送のための「白帯車」による運行で車両整備が進んだのである。

進駐軍は人員や物資の輸送に日本の鉄道を利用した。しかし、日本の鉄道界は、そんな進駐軍を逆に利用して復興を図るという、したたかさと力強さを持っていたのである。

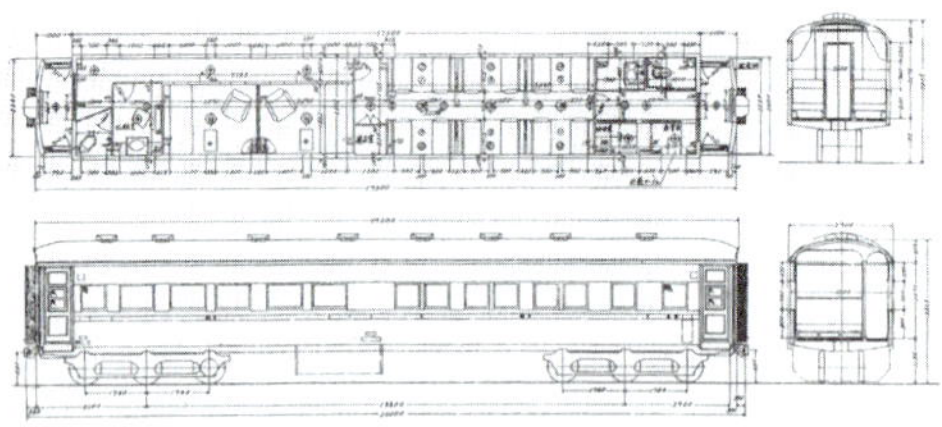

▲皇族・貴賓用として製造された「マロネフ38」。

▲一・二等寝台車「マイロネフ58」。戦後GHQに接収された。

戦後復興のシンボル。「へいわ」から「つばめ」へ

1949（昭和24）年9月15日、東京駅―大阪駅間に「へいわ」と命名された列車が、戦後初の特急として復活した。国民の気持ちを表す名称が採用されたのである。1944（昭和19）年4月の「富士」の廃止以来、5年半ぶりの特急の登場であった。「へいわ」には、戦中は休止されていた食堂車も連結されていたが、米の統制時のため外食券が必要だった。

この時点での所要時間は9時間で戦前の8時間に及ばず、本格的な復興とは呼べない状況であった。同時に東京駅―大阪駅間の夜行急行「銀河」も登場している。しかし、3か月半後の翌年1月1日から「つばめ」と名称を変更して、「へいわ」は国鉄史上最短の列車名称となってしまった。

新年とともに列車番号が「1レ、2レ」と改番されて晴れてトップナンバーをもらい、「つばめ」は、日本最高峰の特急となり、4月10日から「オロ40」をリクライニングシートの「スロ60」に組み替えて改善、6月1日からは女性乗務員「つばめガール」も登場している。10月1日の改正では、浜松駅以西の牽引機を「C59形」蒸気機関車から強力な「C62形」蒸気機関車に変更して、東京駅―大阪駅間の所要時間を1時間短縮、戦前並みの運転が復活した。

特急 つばめ

1949（昭和24）年～1960（昭和35）年

Point
◉国民の気持ちを反映した戦後初の特急。
◉浜松以西は「C62形」蒸気機関車が牽引。

▲「C62」牽引で東海道を爆走する、特急「つばめ」。

▲最後尾に連結されたあこがれの的、展望車。

◆編成表

マヌ 34	スハニ 32	スハ 42	スハ 42	オロ 40	オロ 40	スシ 47	オロ 40	オロ 40	オロフ 33	マイテ 39
暖房車	1号車	2号車	3号車	4号車	5号車	6号車	7号車	8号車	9号車	10号車

◆時刻表（1951年10月・1レ｜下り｜所要時間:8時間）　※略表

東京駅	SL	横浜駅	SL	沼津駅	SL	浜松駅	SL	名古屋駅	SL	岐阜駅	SL	米原駅	SL	京都駅	SL	大阪駅
900		926		1059		1239		1407		1423		1526		1623		1700

「つばめ」と並ぶ、国鉄の看板役者の復活

1950（昭和25）年5月1日、東京駅―大阪駅間の特急「つばめ」の姉妹列車として、「はと」が登場した。所要時間は「つばめ」と同じ9時間であった。客車は「つばめ」が東京・品川担当であったが、「はと」は大阪・宮原担当で、なにかと対抗意識を燃やして、整備やサービスに努めたという逸話が残されている。

6月1日からは11両に増結、同時に女性乗務員「はとガール」も登場している。列車番号も「3レ、4レ」と改番、10月1日のダイヤ改正では、1時間短縮の8時間運転となった。1951（昭和26）年10月1日のダイヤ改正では、新造の特急用客車「スハ44系」が「つばめ」とともに投入され、11両編成となった。

当初は、機関車の次に暖房車を連結していたが、東海道本線の全線電化により、「EF58形」電気機関車の牽引になることにより廃止された。これは、「EF58形」に暖房用蒸気発生装置を搭載したためで、これにより連結両数を増やすことができるようになった。

また、展望車を常に最後尾にするため、デルタ状のルートを通って編成ごと向きを変えていた。例えば、大阪駅到着後は、尼崎駅手前から宮原貨物線を通り、方向転換をしていたのである。

特急 はと

1950（昭和25）年
～
1960（昭和35）年

Point
- 「つばめ」のライバルとしてサービス向上。
- 女性乗務員「はとガール」が人気。

▲旅客SLのエース「C62形」蒸気機関車が牽引した。

▲最後尾には豪華な展望車を連結。

◆編成表

暖房車	1号車	2号車	3号車	4号車	5号車	6号車	7号車	8号車	9号車
マヌ 34	スハニ 32	スハ 42	オハ 35	スロ 60	スシ 37	スロ 60	スロ 60	スロ 60	マイテ 37

◆時刻表（1951年10月1日・3レ｜下り｜所要時間:8時間）

※略表

東京駅	SL→	横浜駅	SL→	静岡駅	SL→	浜松駅	SL→	名古屋駅	SL→	米原駅	SL→	京都駅	SL→	大阪駅
1230		1256		1502		1607		1735		1853		1952		2030

新幹線開通まで続いた、国鉄対近鉄の戦い！

１９４６(昭和21)年３月、早くも急行電車の運転を再開した近鉄は、翌年10月には国鉄私鉄の中でも最も早く特急の運転を再開した。この列車は伊勢中川駅で乗り換えて名阪間を結び、所要時間は４時間３分で２往復であった。

同年12月、名古屋駅―伊勢中川駅間の列車を「かつらぎ」、伊勢中川駅―上本町駅間の列車を「すずか」と命名。戦前に製造された車両を整備し、大阪線・名古屋線ともに同じように青と黄色のツートンカラーに塗り分け、女性車掌も乗務していた。名古屋線は17m車体の、元関西急行「モハ１」の近鉄「モ６３０１形」、制御車の旧伊勢電鉄「クハ４７１形」の近鉄「ク６４７１形」。大阪線は元参急「２２００系」の近鉄「モ２２００形」、「モニ２３００形」などの一部をあてている。

１９５０(昭和25)年９月、上本町駅―名古屋駅間の所要時間を３時間５分まで短縮したものの、戦前の時刻にはまだ届かなかった。

１９５２(昭和27)年３月の改正で名阪間の所要時間は２時間55分となり、やっと戦前の最高を超えた。この時、特急列車の愛称に新たに「あつた」、「なにわ」が加わった。

近畿日本鉄道の名阪特急が復活

1946(昭和21年)〜1960(昭和35)年

Point
- 花瓶が置かれ、女性車掌も乗務。
- 必ず座れる座席指定制を採用。

▲名古屋線で活躍した、少し短い「モ6300形」。

▲「2200系」４連の急行、窓のない側はトイレ。

▲座席指定券で乗車できた特急「かつらぎ」。

▲元関西急行「モハ１形」も特急に投入した。

小田急と東武、その特急列車の復活

1948(昭和23)年
～
現在に至る

Point
◉小田急は、戦後初のノンストップ特急。「はこね」の愛称で人気。
◉東武は、「華厳」「鬼怒」の愛称名で特急として運行。

豪華列車の礎となる特急列車が復活

1948(昭和23)年6月に、小田急は戦争により運休となっていたノンストップ列車(週末温泉急行)の運行を計画。戦前製の通勤型車両「1600形」から状態の良い車両を選び、復興整備車としてシートカバーや灰皿を設置、3扉のうち中央扉をしめ切ってシートを設え、10月16日からノンストップ特急としての運行を開始した。

1949(昭和24)年、2扉セミクロスシートの特急専用車両、「1910形」2編成が就役して投入され、翌年からは毎日運行となり「はこね」の愛称もついて、ようやく戦前の週末温泉急行を上回るサービスとなった。

一方、東武鉄道においては、GHQの専用列車という形で、1948(昭和23)年6月に運転が再開された。これは東武の電車が国鉄の進駐軍専用客車を牽引するというものだった。1948(昭和23)年8月6日からは、牽引の電車に定員制で、一般乗客を乗車させることが認められ「華厳」の愛称名で特急としての運行が再開、土曜日のみ鬼怒川温泉行の「鬼怒」も設定された。

翌年、浅草駅―東武日光駅間の特急「華厳」、鬼怒川温泉駅間の特急「鬼怒」の毎日運転が再開した。

▲復興整備車として特急に使われた小田急「1600形」。

▲後に格下げされて急行になった小田急「1910形」。

▲下今市駅で分割するための東武「5710形」。

▲東武博物館に保存されている東武「5700形」。

優等列車の復活に活躍した車両を訪ねる

「へいわ」、「はと」、「つばめ」を牽引した機関車を訪ねる

「C59形」蒸気機関車は、戦前から戦後にかけて製造173両が製造された。現存は3両のみで、実際に東海道本線で活躍したのは、九州鉄道記念館に保存される「1号機」と京都鉄道博物館の扇形機関庫に静態保存される「164号機」の2両である。

「C62形」蒸気機関車は、つばめマークをつけたものもある日本最強最大のSLで、49両製造のうち現存は5両ある。「1号機」(準鉄道記念物)、「2号機」、「26号機」は、京都鉄道博物館の扇形機関庫に静態保存される。1948(昭和23)年、日立製作所笠戸工場で「3号機」ともに製造された「2号機」は、SLスチーム号を牽引して走行する姿を見ることができる。除煙板につばめマークが取り付けられていて、スワローエンゼルと呼ばれる。(「3号機」は、小樽市総合博物館に静態保存)「17号機」は、名古屋市のリニア・鉄道館に静態保存。1954(昭和29)年に東海道本線で速度試験を行い、時速129㎞/hの日本蒸気機関車記録(狭軌蒸気機関車世界記録)を達成している。

ムーミンの愛称をもつ電気機関車「FE55形1号機」は、1936(昭和11)年製造。現存はこの1両のみで、大宮の鉄道博物館に保存展示されている。

「EF56形2号機」(現EF59形21号機)は、1958(昭和33)年まで東海道本線で旅客用に活躍した。現存は山陽本線の勾配区間(瀬野駅—八本松駅間)用に改造されて「EF59形」となった1両のみ。JR貨物広島車両所に静態保存されていて、イベント時に公開される。

「EF58形」は、「つばめ」、「はと」などを最も多く牽引した国鉄電機機関車で、数両が残されている。中でも「EF58形154号機」は、大宮車両センターに保存される。カットされたとはいえ、唯一、青大将色で展示され、イベントなどで公開される。

▲日本の蒸気機関車最高速度を出した「C62形17号機」。

▲ムーミンの愛称で親しまれている「EF55形1号機」。

二大特急「つばめ」、「はと」の電化の理由

▲東海道本線電化とともに「EF58形」電気機関車が登場。

▲電化前のスター牽引車だった「C62形」蒸気機関車。

大動脈の輸送量増大に不可欠な電力化

１９５０（昭和25）年の朝鮮戦争が契機となり、日本経済は復興と発展へと進んでいくことになる。それとともに、鉄道輸送は著しく増加した。国鉄の輸送量を例にとると、旅客輸送人員は、１９３６（昭和11）年度と１９５５（昭和30）年度を比較すると約３・４倍、貨物輸送量も、約２・６倍に達した。

しかし、国内旅客貨物輸送の中核を担うべき国鉄の実情は惨憺たるものだった。戦禍により多くの施設や車両は荒廃、輸送量の増加に応える余力は全くといってよいほどなかったのである。

さらに、１９５５（昭和30）年度から翌年にかけ、輸出の増大と生産の上昇による日本経済の発展は、神武景気と称される好況を現出。このため、輸送需要はさらに急増した。だが、先にも述べたように国鉄の輸送力は、限界に達しており、輸送力不足がこれ以後の経済発展の妨げになることは明白だった。

そこで、国鉄は、輸送の安全確保を行ったうえで、経済発展に伴う輸送需要の増大に対処するための輸送力増強を図る長期計画を策定した。

国鉄は、老境化した施設や車両などの取り替えと、東海道本線など幹線の電化を中心とした第一次５か年計画を、１９５７（昭和32）年度から、東海道新幹線の建設と従来線の線増工事を中心とした第二次５か年計画を１９６１（昭和36年）度から実施した。首都圏と関西圏を結ぶ大動脈の輸送量増大は、日本の高度経済成長を支えるために、必要不可欠なものだった。

こうした状況下で、１９５６（昭和31）年の東海道本線全線電化が行われた。そして、東海道本線の二大特急である「つばめ」、「はと」は、「Ｃ62形」蒸気機関車から「ＥＦ58形」電気機関車の牽引へ移行。

これが、後のブルートレイン、長距離電車特急、さらには東海道新幹線をはじめとする新幹線の礎となっていくのである。

「つばめ」の愛称は、一般公募で決定

1949（昭和24）年9月改正で、特急「へいわ」が東京駅―大阪駅間に運転を再開。列車名が公募され翌年元日より「つばめ」の愛称に改称された。この時、「つばめ」は、電化区間の東京駅―浜松駅間を「EF58形」電気機関車、それ以降を「C59形」蒸気機関車が担当した。この時の所要時間は9時間。戦後すぐのことで車両も不足気味だったが、食堂車、展望車を連結し、国鉄を代表する名門列車として華々しい復活を遂げた。そして、1950（昭和25）年の後半から電化完成までは、非電化区間を「C62形」蒸気機関車が牽引し、その黄金時代を築いた。

さらに、1956（昭和31）年、東海道本線全線電化完成時には、「EF58形」電気機関車の牽引で、東京駅―大阪駅間の運行時間を、それまでの8時間から7時間30分に短縮した。

「つばめ」は、機関車、客車ともライトグリーンに塗り替えられ、「青大将」と親しみを込めて呼ばれた。「青大将」姿の「つばめ」は、1956（昭和31）年から1960（昭和35）年までの、わずか4年の活躍であったが、鉄道ファンの脳裏に鮮やかな印象を残した。また、乗客のサービスを担当する、つばめガールが乗車し、「つばめ」の存在に華を添えた。

特急 つばめ

1949（昭和24）年
〜
1960（昭和35）年

Point
- 機関車、客車ともライトグリーンの塗装。
- わずか4年の活躍だった青大将。

▲電化後に主力牽引機となった「EF58形」電気機関車。

▲電化前は、「EF58」の他、「C 59」も牽引した。

◆編成表

1号車	2号車	3号車	4号車	5号車	6号車	7号車	8号車	9号車	10号車	11号車	12号車
ナロネ 22	ナロ 20	ナシ 20	ナハネ 20	ナハネ 20	ナハフ 21	ナハネ 20	ナハネ 20	ナハネ 20	ナハネ 20	ナハネ 20	ナハフ 20

◆時刻表（1956年10月1日｜1レ｜下り｜所要時間:7時間30分）

※略表

東京駅	横浜駅	沼津駅	浜松駅	名古屋駅	岐阜駅	京都駅	大阪駅
900	925	1046	1230	1355	1420	1554	1630

青大将と呼ばれた「つばめ」の姉妹列車

1950（昭和25）年、国鉄の名門特急「つばめ」の姉妹特急として「はと」が新設され、東海道本線の特急列車は2往復に増強された。非電化区間を牽引したのは、余剰となった貨物機を改造して製造された「C62形」蒸気機関車で、パワーあふれる旅客専用機関車として活躍することになる。

翌1951（昭和26）年からは、三等車が前方向固定のクロスシートの「スハ44形」、「スハニ35形」に置き換えられ、快適性の向上が図られた。さらに、最後尾には戦前から正統派特急の象徴である一等展望車が連結されていた。その後も座席車と食堂車は必ず最新の車両が投入されるなど、「はと」は、日本の代表列車としてふさわしい成長をしていった。

1956（昭和31）年の東海道本線全線電化完成以降には、スマートな流線型の「EF58形」電気機関車を先頭に、青大将と称されたライトグリーンの客車を牽引した。

また、「つばめ」同様、車内アナウンスなどを担当する女性接客乗務員のはとガールが勤務し、乗客のサービスを担当した。はとガールは、1960（昭和35）年6月1日の「151系」電車特急導入とともに、その役目を終えた。

特急 はと

1950（昭和25）年〜1960（昭和35）年

Point
- 牽引はスマートな流線型のEF58電気機関車。
- 女性接客乗務員のはとガールが勤務。

▲華やかな接客乗務員・はとガールが彩を添えた。

▲後に急行「銀河」で使用された「スハ44形」客車を連結。

◆編成表

1号車	2号車	3号車	4号車	5号車	6号車	7号車	8号車	9号車	10号車	11号車
スハニ35	スハ44	スハ44	スハ44	スロ53	スロ53	マシ35	スロ53	スロ53	スロ53	マイテ39

◆時刻表（1956年10月1日 | 下り | 所要時間:7時間30分）　※略表

東京駅	横浜駅	静岡駅	豊橋駅	名古屋駅	京都駅	大阪駅
1230	1255	1500	1629	1728	1924	2000

二大特急を牽引した電気機関車に会いに行こう！

電化による高速化の立役者はゴハチ（「EF58形」）

「EF58形」電気機関車は、戦後すぐの1946（昭和21）年に製造が開始されたものの、戦後の過酷な状況で中断した。だが、1952（昭和27）年に大幅に改良して製造を再開、初期の車両も、改造し172両も揃った。「つばめ」、「はと」の二大特急を牽引した東海道本線のスター機関車であった。

JR東日本所属の「EF58形61号機」は、車籍のある唯一の現役機関車。しかし、主台枠に亀裂が見つかり、静態保存状態で東京総合車両センター（旧大井工場）に保管されている。

この機関車は、昭和天皇のお召し列車牽引機として100回以上の栄誉に浴している。飾り帯が車体の全周に及んでいるのがお召し機の名残である。イベント時に外観が公開されることがある。

1965（昭和40）年以降の標準塗装である青色に塗られた「EF58形150号機」は、京都鉄道博物館のトワイライトプラザに静態保存されている。現存機のなかでは唯一の原型小窓が特徴で、さらに、瀬戸大橋を渡って四国へ足を踏み入れた唯一の「EF58形」であることでも知られている。

名古屋のリニア・鉄道館に静態保存されている「EF58形157号機」は、一度廃車になりながらも車籍を復活して動態保存されていたもので、イベント列車やレール輸送に使われていた。青色塗装であったものがリニア・鉄道館入りに際して茶色の旧塗装に戻され、Hゴム支持の窓も原型小窓に近く復元されたが、微妙に当時とは異なっている。

また、大宮総合車両センターで前頭部のみ保存されている「EF58形154号機」は、淡緑色と黄色のいわゆる青大将塗装。これは、東海道本線電化完成時に、特急「つばめ」、「はと」を牽引するために25両のみが塗り替えられた。1960（昭和35）年の電車化の後に、順次元の茶色に戻されている。

▲客車の色に合わせた青色塗装の「EF58形150号機」。

▲茶色塗装の「EF58形157号機」。ほぼ原形に復元。

France

フランスの誇る高速列車、TGVが改称

日本と最高速度を競った「TGV」と呼ばれる高速鉄道列車の整備が、フランス国鉄(SNCF)によって進められている。パリ多発テロ事件の翌日に発生し、多数の死傷者を出した大事故も乗り越えて、最高速度320㎞/hの電気鉄道による整備がさらに推進されている。

「TGV」の開発において当初はガスタービン機関車によるものが推進されていたが、燃費が悪いことから電気方式に変更された。最大20両編成という長大な列車だが、日本とは異なり、先頭車両が機関車の10両編成を2本つなげた形で、実質日本の東海道新幹線と定員などは変わらない。

初期のオレンジ色の車両に加え、改良型のブルーの車両も加わった。2017(平成29)年、改良型の車両名を「InOui」(イヌイ)と改称すると発表された。

China

中国の高速鉄道、国内外ともに問題あり

中国の高速鉄道は、ドイツの「ICE」、日本の新幹線とそっくりの外観で、口の悪い鉄道ファンからは、パクリ高速鉄道と呼ばれている。2011(平成23)年に発生した衝突事故では、事故車両を地中に埋めるという大失態が世界中に知れ渡った。その後、しばらくは速度を落として運転されていたが、その路線は、今や広大な国土を約2万キロ以上、日本の鉄道すべてを合わせた程にまで拡大している。そして、最大では日本の新幹線に近い5分間隔で運転されている。

さらに、驚くべきことに、海外への売り込みも、日本やドイツとしのぎを削るまでになっている。しかし、その燃料の火力発電が公害をまき散らし、海外進出も現地の人材活用をしない、調査が不十分などで頓挫しており、契約破棄まで起きている。

COLUMN

日本もかかわる海外の高速鉄道

U.K

イギリス高速鉄道に日立製車両導入

鉄道発祥の地、イギリスでは、4大私鉄時代からの国有化の経緯、さらに、1994（平成6）年の民営化と、日本の鉄道史同様の、複雑な歴史がある。

2017（平成29）年、日立製の車両「クラス800」が都市間高速鉄道IEPに導入されるも、故障が頻発するという失態を犯した。しかし、27年半におよぶ長期の契約の一環であることから、現地工場での立ち上げや、整備などが関係しているとの見方もある。このため、日立の地位が決定的に失墜したというわけではなく、今後も、日立の車両による高速鉄道の優位は続くことになりそうだ。

この車両は2019年までに59編成、約250両が投入され、最高速度201㎞/hで運転される。この初期故障の原因は現地の整備人員の能力不足との声もある。

Germany

ドイツ高速鉄道ICE、事故からの復活

「ICE」（アイス・インターシティ・エキスプレス）と呼ばれる、最高速度250㎞/hの高速鉄道は、1998（平成10）年の101人死亡という大事故で名を留めることとなった。これは車輪の破断によるもので、日本の車輪との構造の違いから、台湾新幹線の日本製導入の契機ともなったものである。その後、この反省をもとに技術力の向上が行われており、国内およびフランス、イギリスへの直通列車に生かされている。

「ICE」は、日本の新幹線と異なり食堂車でビールや煮込み料理が楽しめるばかりでなく、個室（コンパートメント）席がある。しかし、指定席制度の違いから、日本からの旅客はどこに座ればいいか戸惑うようである。また座席はゆったりしているが、向きが変えられないのがお国柄ということだろう。

東海道本線二大特急列車の電化 [1956（昭和31）年～]

- 特急 つばめ　東京駅―大阪駅（7時間30分）
- 特急 はと　東京駅―大阪駅（7時間30分）

「へいわ」から「つばめ」に改称。

優等列車の復活 [1949（昭和24）年～]

- 特急 つばめ　東京駅―大阪駅（8時間）
- 特急 はと　東京駅―大阪駅（8時間）
- 近畿日本鉄道 かつらぎ・なにわ
  名古屋駅―伊勢中川駅
- 近畿日本鉄道 すずか・あつた
  上本町―伊勢中川駅
  名古屋駅―上本町駅（4時間3分）
- 小田急電鉄 はこね　新宿駅―箱根湯本駅
- 東武鉄道 華厳　浅草駅―東武日光駅
  鬼怒　浅草駅―鬼怒川温泉駅

近鉄特急「かつらぎ」。戦後最も早く
特急運転を再開した。

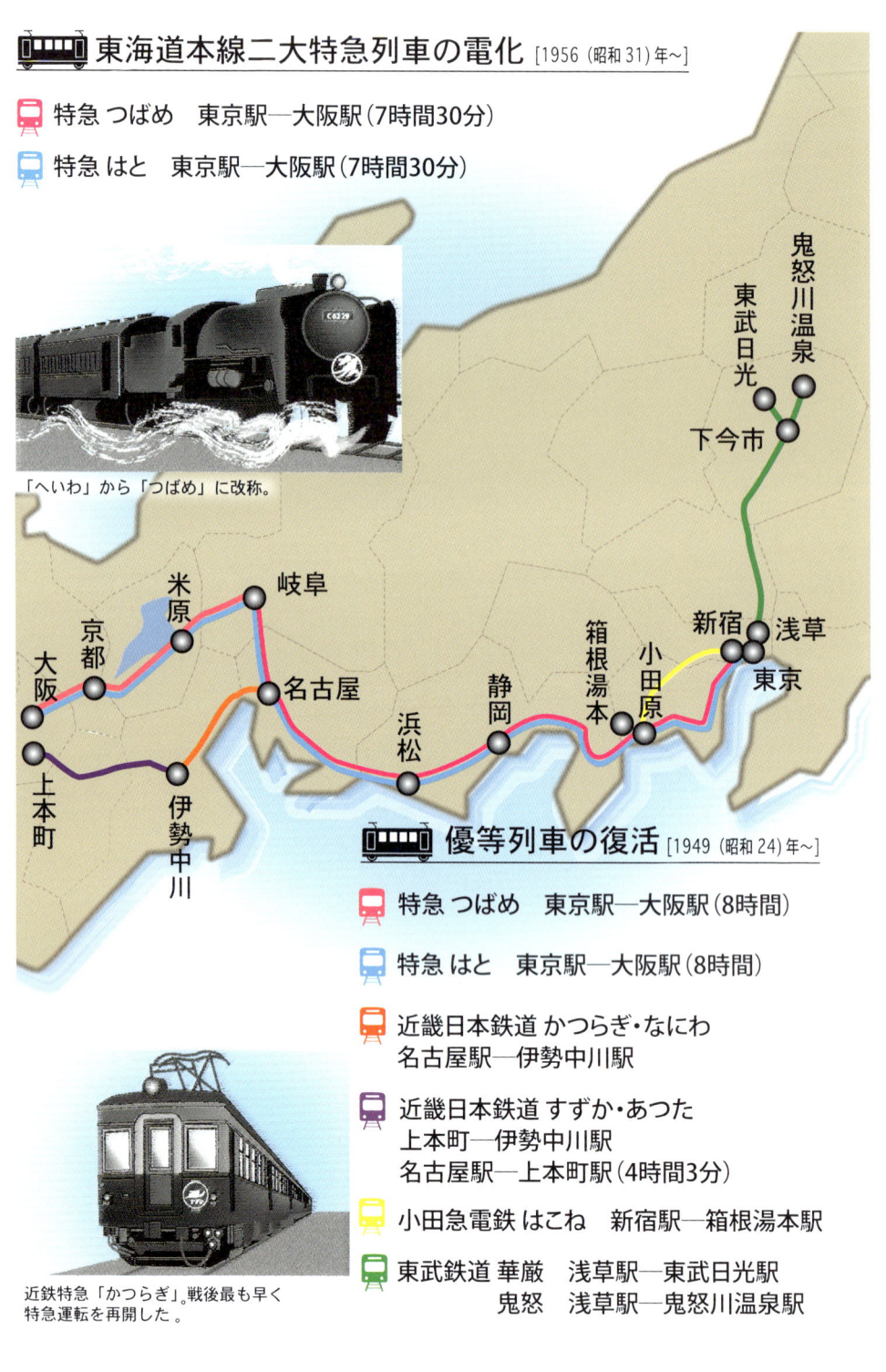

私鉄のリゾート特急の登場 [1957（昭和32）年～]

小田急SE車「3000形」。時速145km/hの狭軌世界記録を達成した。

小田急電鉄 ロマンスカー SE車 3000形
新宿駅―箱根湯本駅（1時間20分）

東武鉄道 デラックスロマンスカー DRC車 1720形
浅草駅―東武日光駅（1時間46分）
鬼怒川温泉駅（2時間6分）

近畿日本鉄道 新ビスタカー（ビスタII世）10100形
近鉄難波駅―賢島駅（1時間34分）

名古屋鉄道 パノラマカー 7000形
新岐阜駅―豊橋駅（1時間23分）

京阪電鉄 テレビカー 1900形
京阪三条駅―淀屋橋駅（47分）

南海電鉄 デラックスズームカー 20001形
難波駅―極楽橋駅（1時間33分）

西武鉄道 レッドアロー号 5000形
池袋駅―西武秩父駅（1時間24分）

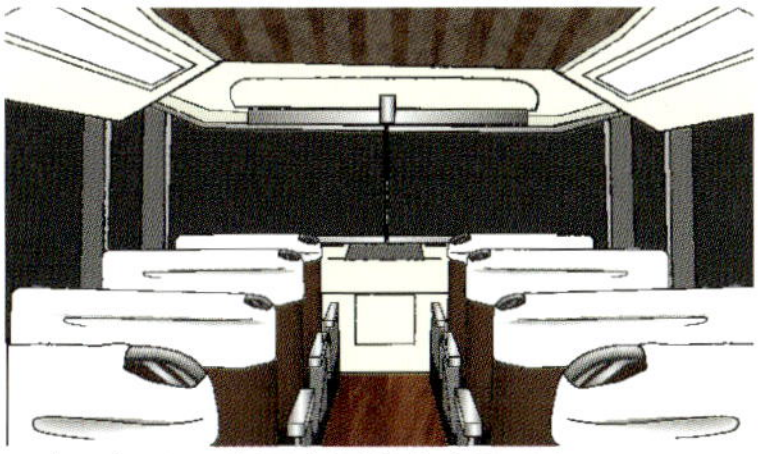

日本で初めて先頭車展望席を設けた、
名鉄「7000形」のパノラマ席。

ロマンスカー時代の到来!

高度経済成長期らしい豪華特急車両が登場

▲日本を代表する特急電車といえる小田急「SE車」。

▲池袋駅―西武秩父駅間を結ぶ特急西武「5000形」。

ロマンスカーという言葉は、2人掛けシートを持つ車両で、一般に広く認知されたのは、小田急ロマンスカーからであった。特に1957(昭和32)年、「SE車」の登場により、その言葉は一般化したといえる。ラジオそしてテレビの登場時期とも重なり、CM音楽で「東武デラックスロマンスカー♪」と流されたことも拍車をかけた。このような成り立ちから、国鉄は「ロマンスカー」の言葉を使わず、私鉄の特急車両として認知されたのである。

高度成長期の私鉄は、豪華な特急車両が次々と登場して、まさにロマンスカー時代の到来であった。小田急と東武のロマンスカーに対抗し、いろいろな命名の車両が現れた。それが「名鉄パノラマカー」、「京阪テレビカー」、「近鉄ビスタカー」である。これらの命名は一般車両にも及び、「南海ズームカー」、「近鉄ラビットカー」、「阪神ジェットカー」の他、地方私鉄でも長野電鉄の「OSカー」がある。

それらの特急車両の特徴は、京阪、名鉄を除き、指定席特急という位置付けであり、乗客は必ず座れることが約束された。だが、京阪も車内に折り畳み式の補助いすを積み込んでいた。それもクッションの部分をシートの生地と同じものを使用するというこだわりであった。名鉄の場合は、かぶりつきシートに座るために何時間も並ぶ情景も当初は見られたが、本数の増加によって対処した。名鉄にはその後に、指定席特急が登場している。

そして、この時代には戦前以上のスピードでの運転が開始された。車両は全鋼製、ノーシルノーヘッダーの張り上げ屋根の車体に、空気ばね台車。さらに、吊りかけ駆動からカルダン駆動といった動力伝達方式の改善など、現在の高速電車の基本構成が確立された。

小田急電鉄ロマンスカー

SE（Super Express）車3000形（初代）

1957（昭和32）年
〜
1992（平成4）年

Point
- 狭軌世界最高の時速145㎞/hを樹立。
- 新宿と箱根を結ぶ憧れのロマンスカー。

スピードもすごい！狭軌世界最高記録を達成

小田急の特急専用車両は、終戦直後の復興整備車「1600形」に始まり、「1910形」、「1700形」、そして、「2300形」と在来の通勤型車両をベースにしてきたものだった。しかし、1957（昭和32）年、「3000形」が、流線型の8車体連接という画期的な構造の専用車両として登場した。新宿駅から小田原駅まで1時間を切るという目標から、ライバルである国鉄技術陣にも協力を求め、高速性能を追求した。

最高運転速度は125㎞／hとされ、車体の軽量化に力を入れ、張殻構造、ハニカム構造など先端技術の粋を集めた車両となった。

「3000形」開発にあたり、国鉄技術陣は東海道本線の函南駅から三島駅の間で高速度試験を行い、当時狭軌世界最高の時速145㎞／hを樹立、これが、新幹線の成功へのステップとなった。しかし、小田急線内では、目標の新宿駅―小田原駅間で1時間を切ることはできず、最短62分で運転した。この目標は、2018（平成30）年3月改正の59分で達成されることになる。「3000形」は、その後、5連に組み替えて御殿場線にも乗り入れるなどの活躍をしたが、1992（平成4）年に全車廃車とされた。

▲8車体連接時代の姿に復元されたSE車。

▲5車体連接に短縮され、御殿場線に乗り入れた。

◆編成表

1号車	2号車	3号車	4号車	5号車	6号車	7号車	8号車
指定席	指定席 トイレ	指定席 喫茶	指定席	指定席	指定席 喫茶	指定席 トイレ	指定席

◆時刻表
（1971年・一例
｜特急「はこね」｜下り｜
所要時間:1時間20分）

新宿駅 1400 → 小田原駅 1504 → 箱根湯本駅 1520

◆時刻表
（2018年1月
｜特急「スーパーはこね」
｜下り｜
所要時間:1時間14分）

新宿駅 900 → 小田原駅 959 → 箱根湯本駅 1014

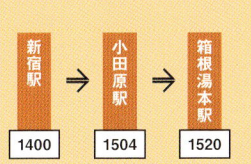

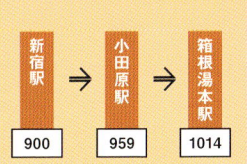

外国人観光客向けのパイオニア的存在

浅草駅―東武日光駅・鬼怒川公園駅間を結ぶ東武特急は、戦前の「デハ10系」を整備して戦後復活し、「5700系」、「1700系」と受け継がれてきた。しかし、国鉄の準急「日光」に新型の「157系」が投入されると、1960年(昭和35)年に、「DRC」こと「1720形」を登場させた。「1720形」には、1964(昭和39)年の東京オリンピックに訪れる外国人を取り込もうとの意図もあった。

先代の「1700系」をベースにしながらも電動機を高速対応に改良して、従来の営業最高速度時速100km/hから120km/hに引き上げてスピードアップを図り、外観内装ともに豪華なものとした。ボンネットを持つ先頭車は、国鉄の「こだま型」よりスタイリッシュなデザインとして人気を集めた。また、シートピッチは当時の国鉄一等車並みとし、サロンルーム、ビュッフェ、洋式トイレ、さらに、貫通路には自動ドアを備え、電話室まで備えていた。

新型の「スペーシア」の登場により、1991(平成3)年全車運用を離脱したが、廃車とはならず、「200系」(急行「りょうもう」用)へ機器流用という形で生まれ変わった。つまり、車体は乗せ換えたものの、台車やシート、電装品の多くが流用されたのである。

東武鉄道デラックスロマンスカー

DRC車 1720形

1960(昭和35)年～1991(平成3)年

Point
- サロンルーム、ビュッフェと豪華な内装。
- 営業最高速度120km/hのスピード自慢。

▲浅草駅と東武日光駅を結んだ特急「けごん」。

▲浅草駅と鬼怒川公園駅を結んだ特急「きぬ」。

◆編成表

1号車	2号車	3号車	4号車	5号車	6号車
指定席 トイレ	指定席 ビュッフェ	指定席 トイレ	指定席 サロン	指定席 ビュッフェ	指定席 トイレ

◆時刻表

※略表

(1971年6月11日一例｜特急「けごん」｜下り｜所要時間:1時間46分)

浅草駅	下今市駅	東武日光駅
800	937	946

※略表

(1971年6月11日一例｜特急「きぬ」｜下り｜所要時間:2時間6分)

浅草駅	下今市駅	鬼怒川温泉駅	鬼怒川公園駅
1100	1241	1259	1306

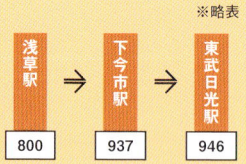

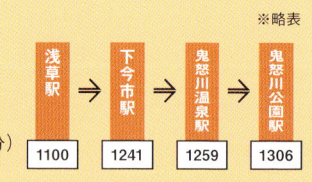

日本初、本格2階建ての高速電車の登場

近鉄の戦後における特急運転の再開は、1947（昭和22）年、上本町駅—名古屋駅間（伊勢中川駅乗り換え）の名阪特急によってなされた。1953（昭和28）年には、戦後初の専用車として「2250系」、「6641系」を投入、1958（昭和33）年には、特急専用車両初代ビスタカー「10000形」が登場した。

翌年、名古屋線の改軌により、乗り換えなしの名阪直通運転が開始するのに合わせ、初代の成果を生かした本格2階建て車両「10100系」が登場した。3車体連接の中間付随車を2階建てとし、流線型の先頭車は上本町寄りがA編成、名古屋よりがB編成、切妻先頭車が両端に付くものがC編成の3種類計54両が製造された。しかし、通常は6両編成で運行され、引退前のさよなら運転で、やっと9両の美しい編成が実現している。

車内には冷水器やシートラジオなども装備し、日本初の本格2階建て高速車両として、充実した内容を誇っていた。1964（昭和39）年の東海道新幹線開業までは、名阪特急の主力として主に6連で活躍していたが、1975（昭和50）年から伊勢や京奈、阪奈特急として運転。「30000系」の登場により1979（昭和54）年、全車廃車となった。

近畿日本鉄道新ビスタカー

（ビスタⅡ世）10100形

1959（昭和34）年
〜
1979（昭和54）年

Point
- 誰もが憧れた本格的な2階建て車両。
- 車内には冷水器やシートラジオなども装備。

▲本格2階建て電車「ビスタカー10100形」。

▲「10100形」の試作的な「10000形」は初の2階建電車。

◆編成表

1号車	2号車	3号車	4号車	5号車	6号車	7号車	8号車	9号車
指定席	指定席 2階	指定席	指定席	指定席 2階	指定席	指定席	指定席 2階	指定席

◆時刻表（1971年・一例｜特急「パールズ」平日ダイヤ｜下り｜所要時間:1時間34分）　※略表

近鉄難波駅	→	上本町駅	→	鶴橋駅	→	宇治山田駅	→	鳥羽駅	→	鵜方駅	→	賢島駅
925		928		931		1111		1027		1054		1059

日本初の先頭車両に、パノラマシート展望席を設置

１９５９（昭和34）年に優等列車用に戦後初の料金のかからない冷房車として登場したのが「５５００形」であった。しかし、車内の要素としては余り魅力がなく、そこで、イタリアの特急「セッテベロ」をモチーフに、運転席を2階に上げ、俗にいう、かぶりつき席から全面展望が楽しめる車両、「７０００形」が１９６１（昭和36）年に登場した。これは小田急の「ＳＥ車」で検討されながら実現が見送られたもので、小田急も「ＮＳＥ車３１００形」で後に実現させている。

車内からの見通しを優先し、運転士は車体の外側から乗り込むという形をとったため、わざわざ駅のホーム屋根を改造するということも行われた。当初は全て自由席だったため、先頭シートに乗るために、数時間も列を作り、待つ乗客もいた。また、人気にもかかわらず、車内にはトイレの設置がなく、多くの要望が寄せられたが、設置されることはなかった。

当初、6両編成で登場したが2両から10両と各種の編成が生まれている。１９６３（昭和38）年に低床化した改良型「７５００形」も登場しているが、構造が特殊なため先に引退している。「７０００形」は１９７５（昭和50）年まで１１６両が製造されたが、２００９（平成18）年、全車引退した。

名古屋鉄道パノラマカー

7000形

1963（昭和38）年
〜
2008（平成18）年

Point
- 先頭車両から全面展望が楽しめる。
- イタリアの特急「セッテベロ」をモチーフにした。

▲堂々８両。中間も２階運転席の豪華な急行列車。

▲４両の各駅停車。晩年は各停仕業も多かった。

◆編成表

1号車	2号車	3号車	4号車	5号車	6号車
自由席 展望席	自由席 車掌台	自由席 車掌台	自由席	自由席	自由席 展望席

◆時刻表（1971年・一例｜下り｜所要時間:1時間23分）

※略表

新岐阜駅	→	新一宮駅	→	新名古屋駅	→	金山駅	→	神宮前駅	→	知立駅	→	東岡崎駅	→	豊橋駅
917		928		954		949		952		1007		1017		1040

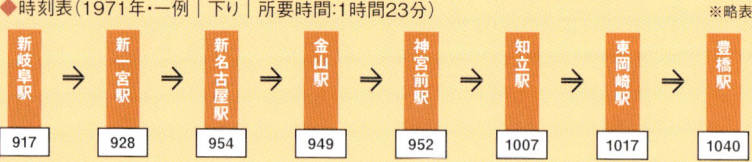

「テレビカー」は、京阪の登録商標だった

テレビを電車内で見られる特急車両としては、１９５４（昭和29）年春に、京成の「１６００形」が登場した。しかし、本格的なものとしては同年夏の京阪「１８００形テレビカー」が最初であり、車内に21型の白黒テレビが設置された。

そして、淀屋橋駅延伸に際して、空気ばねを装備した特急専用車として５両編成で登場したのが「１９００形」だった。23型白黒テレビが設けられ、１９６３（昭和38）年から28両が製造され、後に「１８１０形」から17両が編入された。好評により、順次６両編成となり、後には７両編成化された。その人気は高く、並行して走る阪急や国鉄の乗客を奪う立役者となった。余談だが、ＮＨＫ受信料は車庫のある寝屋川で１台ずつ払われていたという。

１９７１（昭和46）年に、後継のカラーテレビを搭載の「３０００形」が投入され、本数増に使われた。翌年、置き換えが順次実施され、「１９００形」は、１９７３（昭和48）年には特急運用から引退し、一般車への格下げ改造が行われ、テレビも撤去された。しかし、正月などは臨時特急として活躍した。その後も人気車両らしく、幾度かリバイバル特急となり臨時運行されたが、２００８（平成18）年、廃車となった。

京阪電鉄テレビカー

1900形

1963（昭和38）年
〜
2008（平成18）年

Point
◉ 憧れのテレビを電車内で見られた。
◉「3000系」にはカラーテレビを搭載。

▲3扉化され各駅停車用となり、余生を送った。

▲複々線区間を颯爽と走る初代テレビカー「1800形」。

◆編成表

1号車	2号車	3号車	4号車	5号車
自由席	自由席 テレビカー	自由席	自由席 テレビカー	自由席

◆時刻表（1971年・一例｜下り｜所要時間:47分）

京阪三条駅	→	京阪四条駅	→	京阪七条駅	→	京阪京橋駅	→	天満橋	→	北浜駅	→	淀屋橋
640		641		644		720		724		726		727

南海電鉄デラックスズームカー

20001形

1961（昭和36）年
〜
1985（昭和60）年

Point
- 山岳区間の急曲線を走るため短い17mの車長。
- 国鉄一等車並みのゆったりしたシートピッチ。

昭和天皇のお召電車にもなった優良特急

「20001形」は、大阪市内と高野山を結ぶ、南海高野線の特急専用車両。大阪府内の平坦線と山岳区間を直通する1958（昭和33）年登場の「21000形」を特急型仕様にしたもので、1961（昭和36）年に1編成4両が登場した。車長は山岳区間の急曲線を通過するため短い17mで、スイス国鉄の電車のデザインを真似たとされていて、曲面ガラスに3灯の前照灯が特徴的である。

内装は百貨店の高島屋が担当し、上品で優雅なものとなっていた。当時の国鉄一等車並みのゆったりした1010㎜のシートピッチで、車内の貫通路ドアは自動ドアと近代的だが、トイレは前時代的な直接排出だった。

運行は1日2往復とされたが、1編成しかないため、「21000形」のクロスシート車で代走や増発が行われた。1977（昭和52）年の全国植樹祭では、橋本駅から極楽橋駅の間で、昭和天皇のお召列車も務めている。1983（昭和58）年の御遠忌に登場した、後継の「30000形」の登場で臨時増発などの予備車となり、1985（昭和60）年に廃車とされた。先頭車はみさき公園で保存展示されたが、1994（平成6）年に、惜しまれつつ、解体された。

▲急勾配や急カーブも難なくこなす「20001形」。

▲流線型のスタイルが美しい特急「こうや号」。

◆編成表

1号車	2号車	3号車	4号車
指定席	指定席 トイレ	指定席 車内販売	指定席

◆時刻表（1971年・一例｜特急「こうや」｜下り｜所要時間:1時間33分）　※略表

難波駅	→	堺東駅	→	橋本駅	→	極楽橋駅
920		932		1018		1053

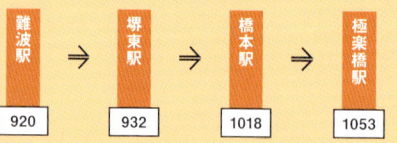

西武初のリゾート特急秩父への新ルートに登場

1969（昭和44）年、西武秩父線の開業に備えて、池袋駅―西武秩父駅間を結ぶ特急専用車両として登場したのが「5000形」であった。当初は4両編成であったが、順次6両編成になり、1978（昭和53）年までに6本36両が登場している。

多客時においては、2本連結して8両で運行、後には4両＋6両の10両編成も登場した。運転性能的には通勤車の「101系」と同じだったが、併結運用は実現しなかった。「レッドアロー号」は車両の愛称であり、列車名は「ちちぶ」、「むさし」、「おくちちぶ」などであった。

高運転台にステンレス板を貼った独特のデザインの外観をもち、シートは当時の国鉄特急車両よりやや広い930㎜のピッチで、リクライニングはない回転式シートだった。1974（昭和49）年登場の新車から簡易リクライニングとなり、在来車両も順次交換された。トイレは当初から循環式のタンクが装備され、6連化に際し、池袋側先頭車にも車内販売準備室とともに設置された。

1995（平成7）年、「新レッドアロー10000形」の登場により、1994（平成6）年より廃車が始まり、翌年に全車が廃車された。

西武鉄道レッドアロー号

5000形

1969（昭和44）年
～
1995（平成7）年

Point
- 高運転台にステンレス板を貼ったデザイン。
- 「レッドアロー号」の愛称で親しまれる。

▲横瀬車両基地に保存されている初代「レッドアロー号」。

▲後継の「10000形」。初代の塗装を再現復活イベント運行。

◆編成表

指定席 トイレ	指定席	指定席	指定席
1号車	2号車	3号車	4号車

◆時刻表
（1971年・一例｜
特急「ちちぶ」｜下り｜
所要時間:1時間24分）

池袋駅	所沢駅	飯能駅	西武秩父駅
910	934	956	1034

◆時刻表
（2018年3月・一例｜
特急「ちちぶ」｜下り｜
所要時間:1時間25分）

池袋駅	所沢駅	入間市駅	飯能駅	横瀬駅	西武秩父駅
930	952	1003	1014	1049	1055

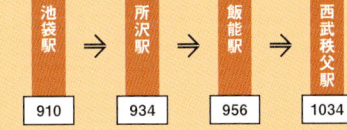

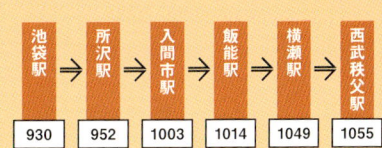

私鉄のリゾート特急に会いに行こう！

小田急ロマンスカーSE車「3000形」

1983（昭和58）年、大井川鐵道に1編成5両が譲渡され、ロマンス急行「おおいがわ」として使用されたが、1992（平成4）年廃車となり、残念ながら翌年解体されてしまった。

しかし、「3021」の5両編成は、産業考古学上の価値が高いことから永久保存されることとなり、1993（平成5）年、新宿側の先頭部分を登場時の姿に復元し、海老名検車区構内に専用庫を建てて収容された。通常は非公開であるが、「小田急ファミリー鉄道展」などのイベント時に公開される。

2018（平成30）年の複々線化による車両数増加による車庫拡張により、他の保存車は喜多見検車区に移されたが、ほかの車両が一部解体される中、5両が健在。しかし、1両だけ残して解体との方針も伝えられ、予断を許さない状況にある。

▲「SE車」は、先頭車は引退時と登場時の2種。

東武鉄道デラックスロマンスカーDRC「1720形」

第一編成の先頭車である「1721」と「1726」、中間車の「1723」、「1724」がバラバラに保存されている。浅草側先頭車「1721」は東武博物館にあり、状態は一番良好だが、展示スペースの都合で切断され半分のみとなっている。

日光側の先頭車「1726」は、さいたま市の岩槻城址公園（入園無料）に展示され、土曜休日と8月の毎日は車内、運転室ともに公開されている。しかし、屋外のため、錆が出るなど車体の傷みが見られるのは残念。中間車の「1724」と「1725」は、わたらせ渓谷鉄道神戸駅に「レストラン清流」として使用されており、「1724」は一般用、「1725」は団体用として使用され、再塗装してあり原形を留めている。テレビドラマなどで、時々登場し、人気スポットとなっている。

▲東武博物館の外にあり、無料で見られる「DRC」

名古屋鉄道パノラマカー「7000形」

2008（平成10）年に、トップナンバーの「モ7001」と「モ7002」が岡崎市にある舞木検査場に静態保存された。「7001」のみ登場時に近い姿に復元されたので、両方の姿を見ることができる。通常は非公開だが「名鉄でんしゃまつり」（事前応募制）などのイベント時は、車内も含め公開され、「ミュージックホーン」の音が楽しめる他、運転台に上がることもできる。

▲音も健在で楽しめる「名鉄パノラマカー」。

2002（平成4モ）年には、「モ7027」、「モ7092」、「7028」の3両が連結された状態で、豊明市の中京競馬場に「パノラマステーション」として保存され、競馬開催日と場外馬券発売日に車内が公開されている。中間車の「モ7092」は座席を取り払い「ビュッフェパノラマ」として営業。場内発売日には、「ミュージックホーン」も聞くことができる。

西武鉄道レッドアロー号「5000形」

2両の先頭車両が埼玉県横瀬町の横瀬車両基地に保存されている。「クハ5503」は当初は廃車当時のままの姿だったが、電気連結器や愛称の表示板などが新製当時に近く復元されている。「クハ5504」は運転室より前の部分だけのカットボディであり、運びやすいので西武秩父駅に一時展示されていた。現在は毎年10月に行われる、「西武トレインフェステイバル」の時に公開されている。

▲富山地方鉄道で余生を送る「レッドアロー号」。

1995（平成7）年とその翌年に、富山地方鉄道に6両、車体と一部の機器が譲渡され、JR九州の部品を使って、塗装などそのままで3両編成2本を「16010形」としてアルペン特急などで使用されていた。

しかし、乗客が少なく、中間車を抜いた2両で運行されていた。その1両は廃車解体されたが、もう1両は水戸岡鋭二デザインの内装に改装されて「アルプスエキスプレス」として人気車両となった。平日は2号車無しの2両で運行されている。なお、京阪電鉄の3代目テレビカー「3000形」も「10030形」として運行されているが、残念ながらテレビは外されている。

ブルートレインの登場 [1958（昭和33）年～]

- 特急 はくつる 上野駅─青森駅（9時間10分）
- 特急 日本海 大阪駅─青森駅（16時間20分）
- 特急 あけぼの 上野駅─青森駅（12時間19分）
- 急行 銀河 東京駅─大阪駅（9時間32分）

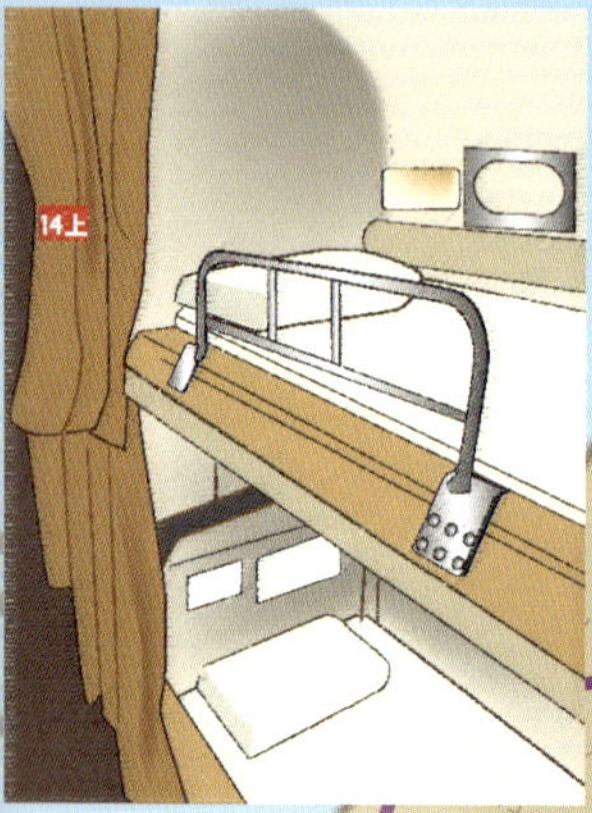

開放式A寝台「ナロネ21形」
標準的なプルマン式。

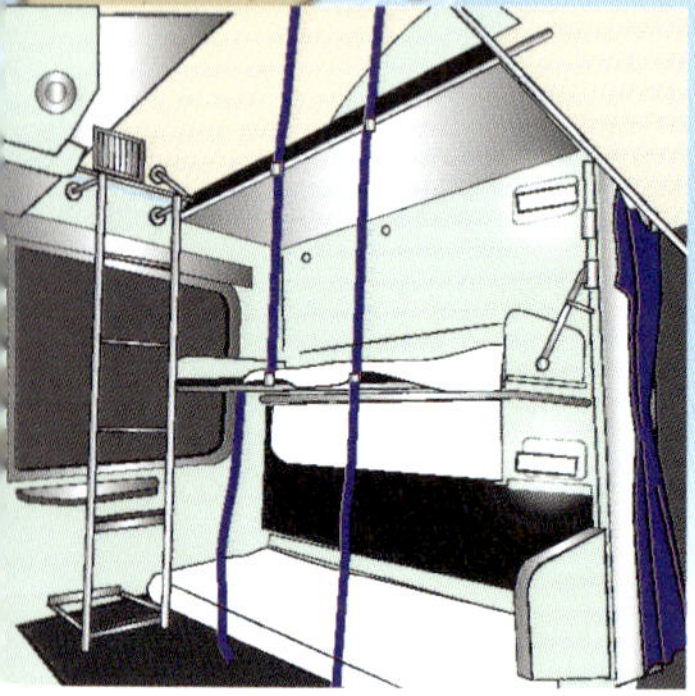

当初は画期的だった「20系」客車の3段式B寝台。

- 特急 あさかぜ 東京駅─博多駅（14時間55分）
- 特急 さくら 東京駅─長崎駅（19時間53分）
- 特急 みずほ 東京駅─熊本駅（20時間45分）
- 特急 はやぶさ 東京駅─西鹿児島駅（22時間30分）

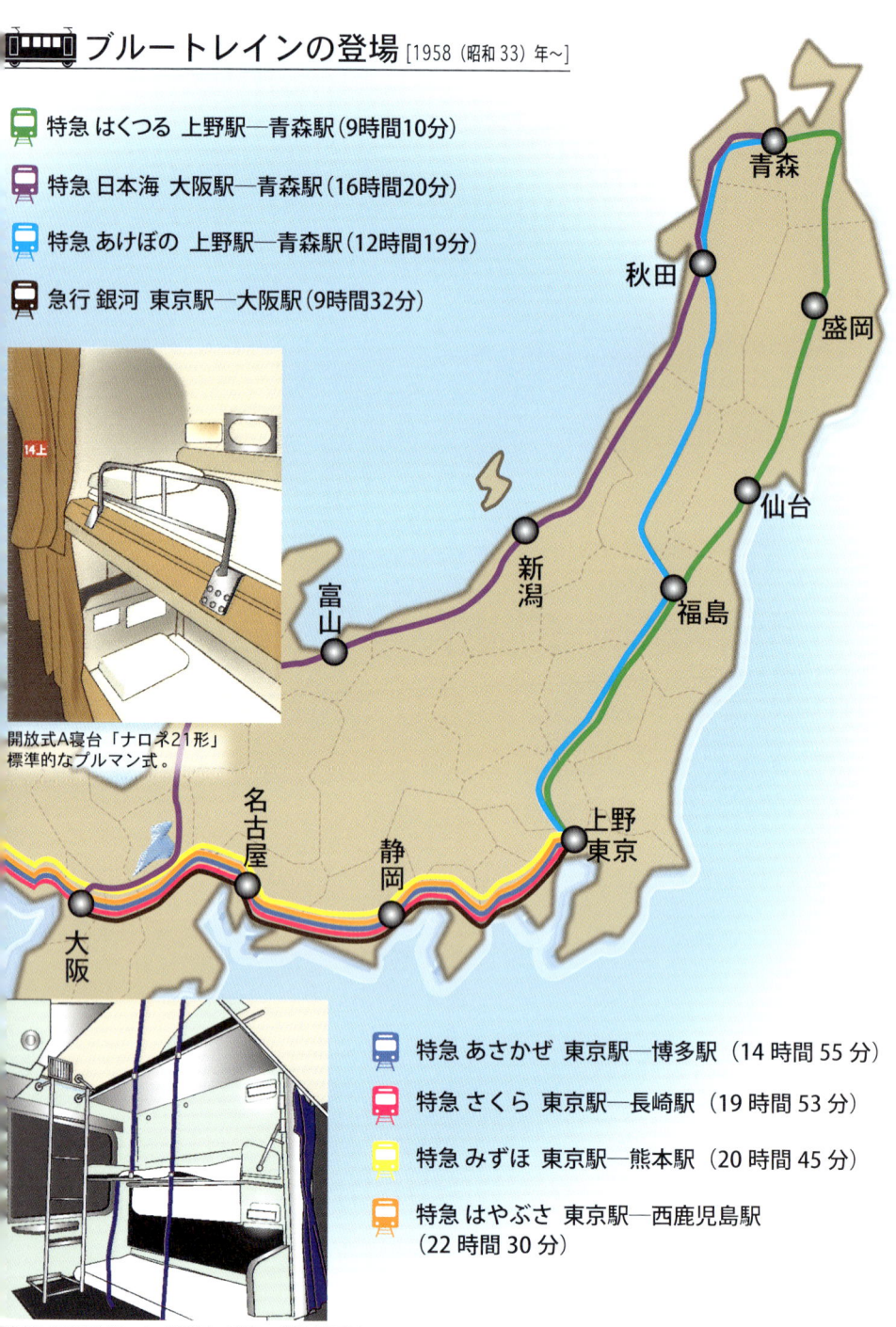

快適な旅を約束した「オロネ25形」
A寝台1人個室シングルデラックス。

「はやぶさ」、「富士」に連結された
「オハ24形700番台」ロビーカー。

特急なは

特急出雲

ブルートレイン全盛期の列車たち

特急 ゆうづる　上野駅—青森駅（常磐線経由）
特急 北星　上野駅—盛岡駅
特急 エルム　上野駅—札幌駅（津軽海峡線経由）
特急 北斗星　上野駅—札幌駅（津軽海峡線経由）
特急 鳥海　上野駅—青森駅（奥羽本線経由）
特急 出羽　上野駅—秋田駅
特急 北陸　上野駅—金沢駅
特急 いなば　東京駅—米子駅
特急 出雲　東京駅—浜田駅
特急 富士　東京駅—西鹿児島駅
（日豊本線経由）
特急 瀬戸　東京駅—高松駅
特急 紀伊　東京駅—紀伊勝浦駅
特急 なは　京都駅—西鹿児島駅
特急 あかつき　京都駅—長崎駅・佐世保
（筑豊本線経由）
特急 彗星　京都駅—都城駅
特急 安芸　新大阪駅—下関駅（呉線経由）
特急 明星　新大阪駅—西鹿児島駅

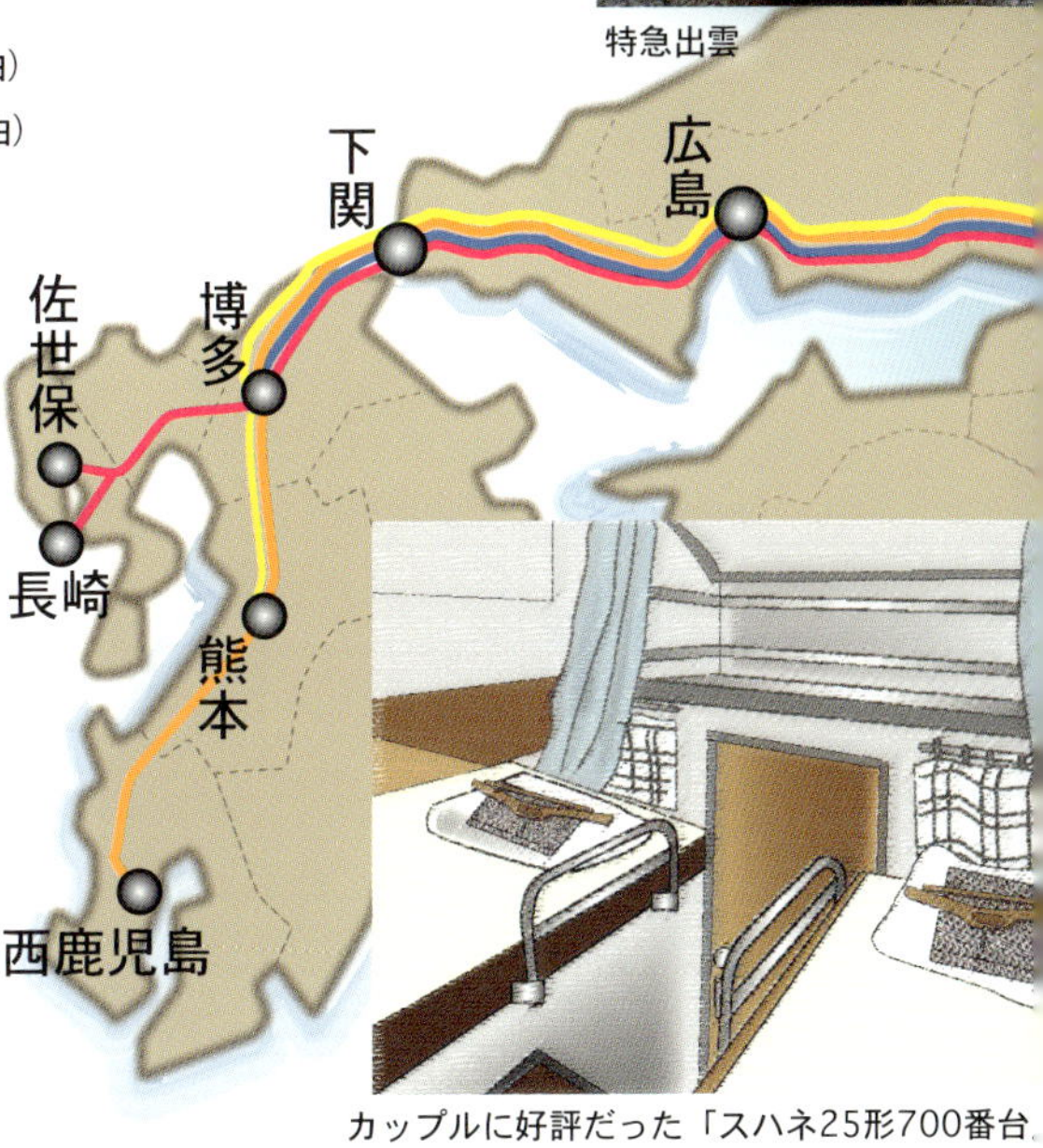

カップルに好評だった「スハネ25形700番台」
B寝台2人用個室デュエット。

今も人気絶大。栄光のブルートレイン

青い車体が魅了した、動くホテルの名車たち

ブルートレインとは、客車を使用した寝台列車を指す名称で、青い車体色の特急・急行列車を指す。ブルートレインとして、最初に登場するのが、1958(昭和33)年10月に、「20系」客車により、東京駅―博多駅間で運行を開始した「あさかぜ」である。これ以降、「14系14形」、「14系15形」、「24系24形」、「24系25形」で編成される寝台列車が、ブルートレインという名で呼ばれることになった。

▲首都圏―九州を結ぶ元祖ブルトレ「みずほ」。

▲寝台車の旅は一層の旅情を掻き立てた。

「20系」客車は、初めて全車両に空調設備を設け、完全電化された車両である。走るホテルとも称された快適さとサービスを実践化した車両だった。その後、さらなるサービス向上のため、「14系」が登場し、B寝台の寝台幅を従来の52㎝から70㎝に広げた。またB寝台が2段化されるなどの改善が図られた「24系」も新製された。

1978(昭和53)年頃からブルートレインブームが訪れる。すでに鉄道は、新幹線によるスピード時代に突入して10年以上が経過していた。しかし、一方でゆったりとした旅の情緒を懐旧する人々も増えていたのも事実だった。

ブルートレインの黎明期、牽引機関車として活躍したのが、「EF58形」直流電気機関車だった。この頃、山陽本線は姫路までしか電化されていなかったため、それ以西は、「C62形」蒸気機関車が牽引した。こうした、牽引機関車もまた人々の旅情を刺激し、ブルートレイン人気に拍車をかけた。

しかし、ブームとは裏腹に、2000年代に入ると、急速にブルートレインの廃止が進められた。スピード主体の鉄道の利便性、経済性に適さないというのが、その理由だった。また、航空機が鉄道との価格競争に十分対応できるようになっていたのも一因だった。

動くホテルと称された最初のブルートレイン

1958(昭和33)年10月、集中電源方式による固定編成、全車冷房完備の新型客車「20系」客車が誕生し、寝台特急「あさかぜ」に投入された。「20系」客車は、ブルーの車体に、クリーム色の3本帯を配したスタイリッシュなボディ、個室寝台も連結される豪華さから「動くホテル」と称された。そして、1963(昭和38)年には、1人用個室寝台も組み込まれ、さらに豪華さに磨きがかかることになる。

1970(昭和45)年10月1日改正では、3往復体制になり、「あさかぜ2・3号」が新型の「14系」客車に置き換えられた。そして、1978(昭和53)年になると、「20系」客車に終止符が打たれ、「24系25形」と交代。その後も、「あさかぜ1・4号」は、食堂車がグレードアップ、4人用個室カルテットを連結、「あさかぜ2・3号」には、A寝台個室、ミニロビー、シャワーが連結され、その矜持を保った。

しかし、さしもの「あさかぜ」も、新幹線や航空機などとの競争に敗れ、1994(平成6)年12月3日、伝統を誇った東京駅―博多駅間の「あさかぜ1・4号」が廃止。ついに、2005(平成17)年3月1日を最後に、初代ブルトレ「あさかぜ」はその雄姿を消していった。

特急 あさかぜ

1958(昭和33)年
〜
2005(平成17)年

Point

- 20系客車による初めてのブルートレイン。
- その豪華さから動くホテルと称された。

▲ブルートレイン専用「EF65形500番台」によって牽引された。

▲東京駅と下関駅を結ぶ、ブルートレインの代表格。

◆編成表

マニ 20	ナロネ 20	ナロネ 21	ナロネ 21	ナロ 20	ナシ 20	ナハネ 20	ナハネ 20	ナハネ 20	ナハネ 20	ナハネ 20	ナハ 20	ナハフ 20
電源車	1号車	2号車	3号車	4号車	5号車	6号車	7号車	8号車	9号車	10号車	11号車	12号車

◆時刻表(2004年3月13日｜上り｜所要時間:14時間55分)

※略表

東京駅	横浜駅	静岡駅	浜松駅	名古屋駅	岡山駅	広島駅	岩国駅	徳山駅	防府駅	新山口駅	宇部駅	下関駅
1900	1927	2135	2229	2346	417	631	716	815	840	855	917	955

高度経済成長期に「へいわ」から「さくら」に

１９５９（昭和34）年7月20日、東京駅—長崎駅間の特急「へいわ」に、「20系」客車を投入することになった。この時、愛称を「さくら」に変更した。「20系」客車でデビューした「さくら」は13両編成で、全車冷房完備、居住性が優秀で、指定券の入手は困難を極める人気列車となった。翌年の１９６２（昭和35）年にはパンタグラフを備えた電源車「カニ22形」が「さくら」に連結される。

この当時の「さくら」の牽引機関車は東京駅—岡山駅間が電気機関車、岡山駅—下関駅間が蒸気機関車、下関駅—門司駅間が電気機関車、門司駅—長崎駅間が蒸気機関車という、電気、蒸気が入り混じった複雑な構成だった。

その後、「さくら」の客車は、寝台幅を70㎝に広げた「14系」に、さらに１９８４（昭和59）年からは3号車にB寝台4人用個室のカルテットが連結され、家族、グループ客の人気を集めた。だが、この頃から、ブルートレインの勢いは衰えをみせ始めていた。

１９９９（平成11）年12月4日改正では佐世保編成を廃止、東京駅—鳥栖駅間を「はやぶさ」と併結。そして、２００５（平成17）年3月1日改正では「あさかぜ」と共に「さくら」は廃止された。

特急 さくら

1959（昭和34）年
〜
2005（平成17）年

Point
- ◉全車冷房完備、優秀な居住性を誇った。
- ◉電気、蒸気が入り混じった複雑な牽引機関車。

▲B寝台4人用個室がファミリーに人気が高かった。

▲非電化区間を蒸気機関車により牽引された。

◆編成表

電源車	1号車	2号車	3号車	4号車	5号車	6号車	7号車	8号車	9号車	10号車	11号車	12号車
カニ21	ナロネ22	ナロ20	ナシ20	ナハネ20	ナハネ20	ナハフ21	ナハネ20	ナハネ20	ナハネ20	ナハネ20	ナハネ20	ナハフ20

◆時刻表（1966年1月｜上り｜所要時間：19時間53分）　※略表

東京駅	→	横浜駅	→	名古屋駅	→	京都駅	→	大阪駅	→	神戸駅	→	岡山駅	SL→	宇部駅	SL→	下関駅	→	門司駅	SL→	博多駅	SL→	佐賀駅	SL→	長崎駅
1635		1701		2121		2313		2350		016		211		720		800		816		928		1018		1228

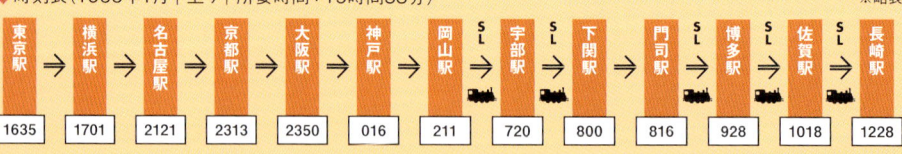

「C59」の美しい姿が、鉄道ファンを魅了

当初は「臨時あさかぜ」として運行。1963（昭和38）年6月1日、客車が「20系」に改められ、ブルートレインとしての「みずほ」が誕生した。この時に、大分駅まで延長、東京駅─熊本駅・大分駅間の特急列車となった。しかし、翌年には、運転区間は、再び東京駅─熊本駅間に戻っている。この頃、博多駅─熊本駅の間は、熊本機関区の「C59形」蒸気機関車が牽引、その美しい姿が多くの鉄道ファンの視線を集めた。

1968（昭和43）年10月になると、全区間を15両編成で走行するようになり、さらに個室寝台「ナロネ22形」も連結された。1972（昭和47）年には「14系」寝台客車が投入され、そのゆったりとした70㎝寝台幅は好評を博した。

3年後には分割併合運転の「14系」客車の特徴を活かし、東京駅─熊本駅・長崎駅間の列車となった。さらに、1981（昭和58）年からは、「14系」客車の三段式寝台を二段式に改造、翌年には4人用個室B寝台カルテットが増結された。

しかし、この頃からブルートレインの衰退は始まっており、その波は「みずほ」をも襲うことになる。そして、1994（平成6）年12月3日、ついに「みずほ」はブルートレインとしての歴史に幕を閉じた。

特急 みずほ

1963（昭和38）年
〜
1994（平成6）年

Point
- 博多駅─熊本駅間は、「C59形」蒸気機関車が牽引。
- 20系客車の後は、より快適な14系客車を投入。

▲「EF65形」の他、「C59形」蒸気機関車も牽引した。

▲「あさかぜ」、「さくら」とともに九州ブルトレの代表格。

◆編成表

電源車	1号車	2号車	3号車	4号車	5号車	6号車	7号車	8号車	9号車	10号車	11号車	12号車	13号車
カニ 21	ナロネ 22	ナシ 20	ナハネ 20	ナハネ 20	ナハネ 20	ナハネ 20	ナハフ 21	ナロネ 21	ナハネ 20	ナハネ 20	ナハネ 20	ナハネ 20	ナハフ 20

◆時刻表（1968年｜上り｜所要時間：20時間45分）　※略表

東京駅	静岡駅	名古屋駅	岐阜駅	京都駅	大阪駅	岡山駅	広島駅	岩国駅	小郡駅	門司駅	博多駅	SL 大牟田駅	SL 熊本駅
1600	2032	2253	2317	051	129	350	610	649	830	947	1055	1158	1245

東京から鹿児島へ。日本一の長距離特急

「はやぶさ」は「あさかぜ」、「さちかぜ」に続く、第3の九州特急として1958(昭和33)年10月1日に東京駅―鹿児島駅間に登場した。そして、1960(昭和35)年7月20日には、新製された「20系」客車に置き換えられ、第3の20系ブルートレインとなる。運転区間も東京駅―西鹿児島駅間となり、編成は1人用個室のある一等寝台車、一等座席車を連結した14両編成で、全車冷房を完備した豪華列車として人気を博した。

1975(昭和50)年3月10日、山陽新幹線博多開業ダイヤ改正では、最新の「24系」客車に置き換えられた。B寝台は70㎝幅となり、居住性が大幅に向上。翌年9月には二段式B寝台、オール1人用個室を連結した新型の「24系25形」に改められた。さらに、1985(昭和60)年3月14日改正では、ホテルのロビーを思わせる「ロビーカー」が連結され、日本一の長距離特急としての矜持を保った。

しかし、他のブルートレイン同様、新幹線や航空機との競争により、ブルートレインの需要減少は「はやぶさ」をしても窮地に陥らせた。2009(平成21)年3月13日、大勢のファンの歓声に見送られ、「はやぶさ」は東京駅―熊本駅間の定期運行を終了した。

特急 はやぶさ

1958(昭和33)年 〜 2009(平成21)年

Point
- 全東京駅―西鹿児島駅間を走った日本一の長距離特急。
- ホテルのロビーを思わせるロビーカーを連結。

▲「あさかぜ」などに続く、第3のブルートレイン

▲はやぶさを象ったヘッドマークが誇らしい。

◆編成表

電源車	1号車	2号車	3号車	4号車	5号車	6号車	7号車	8号車	9号車	10号車	11号車	12号車	13号車
マニ20	ナロネ22	ナロ20	ナシ20	ナハネ20	ナハネ20	ナハネ20	ナハフ21	ナハネ20	ナハネ20	ナハネ20	ナハネ20	ナハネ20	ナハフ20

◆時刻表(1964年｜下り｜所要時間:22時間30分)　※略表

東京駅	横浜駅	静岡駅	名古屋駅	京都駅	大阪駅	神戸駅	広島駅	下関駅	門司駅	博多駅	熊本駅	出水駅	西鹿児島駅
1900	1925	2124	2345	140	216	242	710	1028	1044	1155	1356	1544	1730

東北本線経由で青森へ初めてのブルートレイン

１９６４（昭和39）年10月１日のダイヤ改正により、急行「北上」から格上げされ、「はくつる」が運転を開始した。10時間弱で上野駅—青森駅間を結ぶ、東北本線初の寝台特急として新型客車「20系」を使用、津軽海峡を越えて、青森駅と函館駅を結ぶ、青函連絡船への接続列車としての大任を任された。

しかし、１９６８（昭和43）年10月、東北本線全線電化が行われると「５８３系」寝台電車による２往復の運転となった。だが、１９９４（平成６）年12月３日改正で、「24系25形」客車寝台に再び置き換えられ、ブルートレインによる運行が復活した。

「はくつる」の運行により、上野駅—青森駅間は、寝台車でゆったりと眠り、快適に過ごせるという体制が整った。それまでは、上野駅—青森駅間の主力は、１９６０（昭和35）年に運転を開始した昼行特急の「はつかり」で、深夜に青森駅に到着、そこから青函連絡船を経て、北海道内へ移動という過酷な旅程を強いられた。

「はくつる」の好評さから、１９６５（昭和40）年、常磐線経由で上野駅—青森駅間を結ぶ「ゆうづる」が誕生した。わずか２年の間であったが、平駅—仙台駅間で「Ｃ62形」蒸気機関車が牽引した。

特急 はくつる

1964（昭和39）年〜2002（平成14）年

Point
- 東北本線初の寝台特急として「20系」客車を使用。
- 青函連絡船への接続列車として重宝された。

▲交直流電気機関車「EF81形」により牽引された。

▲青函連絡船への接続列車として大活躍した。

◆編成表

カニ 21	ナロネ 21	ナシ 20	ナハネ 20	ナハネ 20	ナハネ 20	ナハネ 20	ナハネ 20	ナハネ 20	ナハ 20	ナハフ 20
電源車	1号車	2号車	3号車	4号車	5号車	6号車	7号車	8号車	9号車	10号車

◆時刻表（1968月10月｜下り｜所要時間:9時間10分）

※略表

上野駅 2155 → 宇都宮駅 2315 → 郡山駅 037 → 福島駅 115 → 仙台駅 220 → 盛岡駅 432 → 尻内駅 554 → 青森駅 705

日本海沿いを縦貫した人気のブルートレイン

大阪駅―青森駅間を東海道本線・湖西線・北陸本線・信越本線・羽越本線・奥羽本線（日本海縦貫線）経由で運行していた寝台特急。1947（昭和22）年7月に運転を開始。その後1968（昭和43）年10月1日改正で、「20系」ブルートレインを使用した寝台特急「日本海」が誕生した。

1975（昭和50）年3月10日改正では、米原経由から湖西線経由に変更されるとともに、車両は「14系」客車に置き換えられた。さらに「14系」座席車を使用した「日本海」1往復が季節列車として登場。青函トンネル開業に伴う1988（昭和63）年3月13日改正では、「日本海1・4号」が函館駅まで延長運転を開始した。編成は、プルマン式A寝台1両に加えベーシックなB寝台車だけで構成された。

しかし、利用客の減少や車両老朽化のため、2012（平成24）年3月17日ダイヤ改正で定期運行が終了。最終列車の寝台券は発売開始後、下りは15秒、上りは10秒で完売したというほどの人気で、その運行停止を惜しむファンがいかに多かったかが証明された。それ以降は臨時列車として、ゴールデンウィークなど多客期のみに運転されたが、廃止されることが決定した。

特急 日本海

1968（昭和43）年～2012（平成25）年

Point
- 大阪駅―青森駅間を日本海縦貫線で結ぶ。
- 一時は、青函トンネルを通り函館まで運行。

▲交直入り交じる路線を「EF81形」が牽引した。

▲ほとんどがベーシックなB寝台のみの編成だった。

◆編成表

電源車	1号車	2号車	3号車	4号車	5号車	6号車	7号車	8号車	9号車	10号車	11号車	12号車
カニ24	オロネ25	オハネ25	オハネ24	オハネフ25	オハネフ25	オハネ25	オハネ24	オハネフ25	オハネ25	オハネ24	オハネ24	オハネフ25

◆時刻表（1968年10月｜下り｜所要時間：16時間20分）　※略表

大阪駅	京都駅	米原駅	敦賀駅	福井駅	金沢駅	富山駅	直江津駅	鶴岡駅	酒田駅	秋田駅	東能代駅	弘前駅	青森駅
1930	2005	2059	2146	2229	2330	024	225	632	700	846	939	1114	1150

東北地方を最後まで走り抜けた夜行特急

奥羽本線において「20系」客車が初めて投入されたのが「あけぼの」である。1970（昭和45）年7月1日、「20系」客車を使用した臨時特急「あけぼの」が上野駅―秋田駅間で運転され、上野駅―秋田駅間を9時間15分で結んだ。有効時間帯を外れる大宮駅―新庄駅間の途中停車駅では客扱いを行わない運転停車とし、この合理的な措置は、後の全国の夜行列車の規範となった。同年10月1日改正で「あけぼの」は上野駅―青森駅間の列車となり、1973（昭和48）年10月には上野駅―秋田駅間に1往復が増発され2往復となる。

1980（昭和55年）10月には「20系」から「24系」化が行われ、翌々年には3往復体制となった。その後、2往復体制に戻ったり、もう1往復が上越・羽越本線経由の「鳥海」に変更されるなどの紆余曲折を経て、1991（平成3）年3月改正において、A個室寝台のシングルデラックス、B個室寝台のソロが連結され豪華列車の編成となった。

東北新幹線全通後も生き残り、残り少ないブルートレインとして多くの利用者に愛されたが、2014（平成26）年3月15日に定期運転が休止、復活の機会は与えられず、廃止された。

特急 あけぼの

1970（昭和45）年
〜
2014（平成26）年

Point
◉奥羽本線で初めて投入された「20系」客車。
◉新幹線開通後も生き残った数少ない寝台特急。

▲上野駅と青森駅を最後まで結んだブルートレイン。

▲赤い「EF81形」とブルーの客車の調和が美しい。

◆編成表

電源車	1号車	2号車	3号車	4号車	5号車	6号車	7号車	8号車	9号車	10号車	11号車	12号車
カニ 21	ナロネ 21	ナロネ 21	ナハネ 20	ナハネ 20	ナハネ 20	ナハネ 20	ナハネ 20	ナハネフ 23	ナハネ 20	ナハネ 20	ナハネ 20	ナハネフ 22

◆時刻表（1972年3月｜下り｜所要時間:12時間19分）　※略表

上野駅	大宮駅	新庄駅	湯沢駅	十文字駅	横手駅	大曲駅	秋田駅	東能代駅	鷹ノ巣駅	大館駅	大鰐駅	弘前駅	青森駅
2200	2226	440	541	551	606	626	731	819	844	903	931	944	1019

ビジネスマンの足として重宝された夜行急行

1949(昭和24)年9月に東京駅―神戸駅間を、一等車・二等車のみで組成された夜行急行「15・16列車」に「銀河」の名称を与えて運転を開始したのが始まりである。長きにわたり、東海道本線唯一の寝台急行として活躍した。運転開始当初は1往復であったが、1968(昭和43)年10月に東京駅―大阪駅間で運行されていた寝台急行「明星」が統合されて2往復になった。

牽引したのは「EF65形」電気機関車で、客車には「24系」客車7両(繁忙期には9両)が使用された。全車寝台車で編成され、開放式のA寝台・B寝台のみを連結。A寝台は二段式で1号車に連結され、喫煙室、更衣室があったが、食堂車は連結されなかった。また、1号車以外はすべて二段式のB寝台であるところが、この列車の特徴をよく表していた。

「銀河」を使うと、東海道新幹線や航空会社の最終便より遅い時間に出発し、翌朝の新幹線の始発列車よりも早い時間に東京駅、大阪駅に到着できた。そのため、中心部から離れた場所でも仕事ができるとビジネス客から重宝された。しかし、2000年代に入ってからは利用客の低迷が続き、2008(平成20)年3月15日改正で、惜しまれつつ廃止された。

急行 銀河

1968(昭和48)年～2008(平成20)年

Point
- 東海道本線唯一のブルートレイン寝台急行。
- 新幹線や航空機より便利とビジネス客に好評。

▲ゴハチと呼ばれた「EF58形」電気機関車が牽引した。

▲1両のA寝台以外は2段式のB寝台で構成。

◆編成表

カニ24	オロネ24	オハネ25	オハネ25	オハネ25	オハネ25	オハネフ25	オハネ25	オハネフ25
電源車	1号車	2号車	3号車	4号車	5号車	6号車	7号車	8号車

◆時刻表(1968年10月｜下り｜所要時間:9時間32分)

※略表

東京駅	横浜駅	小田原駅	熱海駅	沼津駅	静岡駅	浜松駅	名古屋駅	岐阜駅	米原駅	大津駅	京都駅	大阪駅
2145	2215	2315	2340	007	059	214	358	428	522	622	638	717

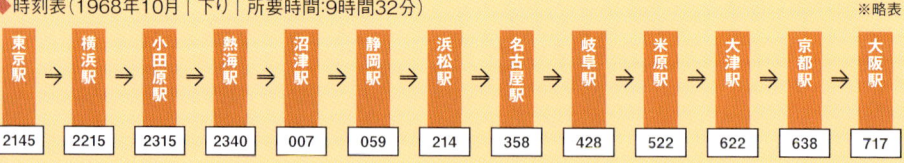

夜行列車ファン憧れのブルトレに会いに行こう！

小坂鉄道レールパークでは、走行シーンも見られる

小坂鉄道レールパークは、秋田県鹿角郡小坂町の小坂鉄道の駅と廃線跡を利用した観光施設。特急「あけぼの」で使用されていた、「カニ24形511号車」、「スロネ24形551号車」、「オハネ24形555号車」、「オハネフ24形12号車」を、宿泊施設「ブルートレインあけぼの」として活用している。電源車「カニ24形」は、本来の電源機能をもち、客車に給電し、尾灯や車内等も点灯する。また、宿泊場所から車両展示場の間を移動走行させている（9時頃と16時30分頃）ので、「オハネ24形」に乗車走行ができ、走行シーンが見られる貴重施設である。（冬期休業・要問い合わせ）

▲20系ブルートレインの食堂車「ナシ20」。

▲京都鉄道博物館では「ナシ20形」の車内見学が可能。

交通科学館から京都鉄道博物館に移された客車

交通科学館で展示保存されていた特急「あさかぜ」で活躍した「ナシ20形24号車」、特急「日本海」に使われた「オロネ24形4号車」、特急「トワイライトエクスプレス」で活躍した「スシ24形1号車」、「スロネフ25形501号車」、「オハ25形551号車」、「カニ24形12号車」が保存展示されている。「スシ24形」は元電車の「サシ489形3号車」で、特急「白山」で使用され、「スロネフ25形」は「オハネ25形87号車」として製造され、「トワイライトエクスプレス」用に改造されたものである。

その他にも、千葉県夷隅郡御宿町の複合施設であるファームリゾート鶏卵牧場・夷隅農場ポッポの丘に、特急「あけぼの」、「日本海」で活躍した「オロネ24形2号車」と、「オハネフ24形2号車」が「DE10形」ディーゼル機関車に連結された状態で保存展示されている。金曜から月曜と祝日に公開されている。

また、すでに廃業しているが、鹿児島県阿久根市の「あくねツーリングSTAYtion」には、特急「なは」で活躍した「オハネフ25形2209号車」と「オハネフ25形206号車」があり、車両の外観は見ることができる。

頂点を極めた国鉄長距離型電車特急

新形電車特急「20系」の登場

日本が高度成長期を迎えると、関東と関西を結ぶ大動脈である東海道本線の輸送量不足は深刻な問題となった。その解決のため、1956(昭和31)年11月に東海道本線の全線電化を完成するとともに、同区間を6時間台で結ぶ新たな電車列車が切望され、計画された。当初、電車列車は、従来からの電気機関車が牽引する動力集中式が有力視された。

しかし、1957(昭和32)年に登場した国鉄初の新性能電車「モハ90系(101系)」の成功を踏まえ、電車方式の動力分散式で開発されることになった。そして、翌年の1958(昭和33)年に「20系」特急形電車が誕生したのである。

この電車の愛称は一般から広く公募され、「こだま」が選ばれた。同時に先頭部を飾る逆三角形の特急シンボルマーク、側面のJNRマークも公募された。「こだま」という名称は、東京駅—大阪駅間を6時間50分で結ぶ、新形電車特急のスピードに由来していた。

「20系」電車の外観上の特徴は、先頭車両のボンネットスタイルである。運転台は、高速運転に備えて運転士の視界を確保するため高い位置に設置された。さらに、基本コンセプトを従来をはるかに超える快適性の追求においた。このため、乗客に不快感を与える騒音発生源を客室からできるだけ遠ざけるため、電動発動機や空気圧縮機を搭載するボンネットを運転席前方に設けた。そのスタイリッシュで、独特のスタイルは、新たな鉄道の時代を彷彿させ、大いに注目を集めた。そして、赤とクリームの明るい色彩、固定窓にユニットクーラーの並ぶ斬新な車両は、1959(昭和34年)の第2回ブルーリボン賞を受賞した。

151形は、「こだま」から「つばめ」、「はと」にも適用

「20系」電車は、1959(昭和34)年の車両称号規定改正で「151系」電車に改称された。「151系」の先頭車である「クロ151形」の運転台は高く上げられ、騒音発生源である電動発電機やコンプレッサーは、運転台前部に設けられたボンネットの中に収納した。

「151系」は、さらなるサービスの向上が図られた。「クロ151形」は、パーラーカーという愛称で呼

▲東京駅—大阪駅を6時間半で結んだ「こだま」。

▲上野駅—新潟駅間を結んだ上越線特急「とき」。

▲新製車「181系」を使用した特急「あずさ」。

ばれ、１９６０(昭和35)年6月1日より大阪方先頭に連結され、海外でも報道されるほど、当時の日本を代表する最高峰の車両となった。従来の特急列車の顔であった展望車の後継車という位置づけにあり、非常に豪華な内装も特徴だった。展望車の象徴である最後尾の展望デッキは廃止されたが、代わりに幅２ｍ、高さ１ｍの非常に大きな固定窓を客室側窓に採用することで眺望を確保した。車内はコンパートメントとゆったりとした1人掛けシートで構成された。

さらに、車内設備は先頭からボンネット内の機器室、運転室、乗務員用デッキ、区分室、給仕室・荷物保管室、乗客用デッキ、洋式トイレ(洗面所)、開放室、サービスコーナーの順に設置。快適性を追求し、完全空調方式が採用された。

こうして、「１５１系」は、大成功を収めた。この成功を踏襲する形で、従来からの電気機関車方式の「つばめ」「はと」の「１５１系」化が、１９６０(昭和35)年６月改正に行われた。さらに、１９６２(昭和37)年に、上野駅—新潟駅間特急「とき」用に製造された派生形の「１６１系」電車が登場。そして、１９６５(昭和40)年に、「１５１系」と「１６１系」の２系列からの改造と、新製車の仕様を統一した「１８１系」電車に発展し、ここに国鉄長距離型電車特急として、その頂点を極めたのである。

時代の先端をいく「20系」特急形電車

　１９５５（昭和30）年代に入ると、東海道本線の輸送量不足は、避けて通れない問題となった。そのため、東京駅―大阪駅間を６時間台で結ぶ新たな特急列車の新設が急がれた。

　こうしたことが、背景となって１９５８（昭和33）年に「20系」特急形電車（後の「１５１系」）が誕生したのである。そして、その愛称は公募され、「こだま」が選ばれた。「20系」の外観上の大きな特徴は、先頭車両のボンネットスタイル。赤とクリームの明るい色彩、固定窓にユニットクーラーの並ぶ斬新な車両で、車内外ともに時代の先端をいく設計だった。

　こうして、１９５８（昭和33）年11月１日、２往復の「こだま」が東京駅―大阪駅・神戸駅間にデビューし、東京駅―大阪駅間を従来の客車特急より40分も早い６時間50分で結んだ。編成は二等車２両、三等車４両、半室ビュフェ車２両の８両編成だった。座席は、三等車が２人掛け回転クロスシート、二等車が２人掛けリクライニングシートを採用。車内は完全空調方式が採用され、快適な旅が約束された。

　１９６０（昭和35）年６月１日からは大阪寄りの１号車に豪華な「パーラーカー」、２～５号車に二等座席車、６号車に食堂車、７号車に三等座席＋ビュッ

特急　こだま

1959（昭和34）年
〜
2005（平成17）年

▲ビジネス特急として一時代を築いた。

◆編成表

クロ151	モロ151	モロ150	サロ150	サロ151	サシ151	モハシ150	モハ151	サハ150	モハ150	モハ151	クハ151
1号車	2号車	3号車	4号車	5号車	6号車	7号車	8号車	9号車	10号車	11号車	12号車

◆時刻表（1959年9月｜下り｜所要時間:6時間50分）

東京駅	→	横浜駅	→	名古屋駅	→	京都駅	→	大阪駅
700		724		1128		1319		1350

◆時刻表（1960年6月｜下り｜所要時間:6時間30分）

東京駅	→	横浜駅	→	熱海駅	→	静岡駅	→	名古屋駅	→	京都駅	→	大阪駅
700		722		818		910		1116		1300		1330

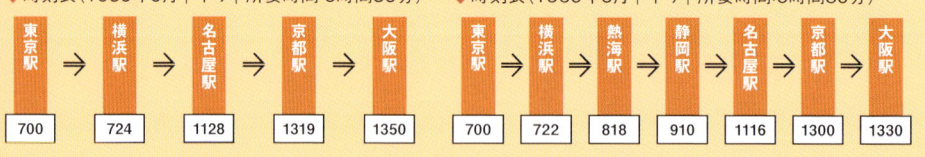

フェを組み込んだ豪華な12両編成となった。

強烈なイメージを刻みつけた名特急

「こだま」はビジネス特急として大好評で、当初から座席指定券の入手が困難な列車になった。そして、1959(昭和34)年9月改正では所要時間が6時間40分に短縮され、慢性的な混雑緩和のため、同年12月からは二等車、三等車各2両の増結を行い、12両編成となった。また、1960(昭和35)年になると、食堂車も連結され、さらなるサービスの強化が図られた。パーラーカーを大阪方先頭に、二等車3両、食堂車、半室ビュフェ車が連なる優雅な編成は東海道本線の華と称された。

さらに、東京駅—大阪駅間では110km/h運転が行われ、同区間の所要時間は6時間30分に短縮された。早朝に東京を出て、大阪市内でしっかり仕事をしても、その夜には東京に戻れる便利さが、その人気に拍車をかけた。

1961(昭和36)年10月改正では特急列車の大増発が行われ、8往復体制となり、「こだま」はその代表列車として成長する。しかし、1964(昭和39)年10月の東海道新幹線開業により、東海道本線の特急列車は全廃され、「こだま」は新幹線にその名を譲ることになる。

Point
- ボンネットスタイルが際立つ新世代特急。
- 東京と大阪を6時間50分で結ぶビジネス特急。
- パーラーカーを始め優雅で豪華な編成。

▲独特のボンネット形状が特徴の「20系」電車。

▲食堂車はビジネス客にも人気だった。

▲1人掛けシートが並ぶ「パーラーカー」。

▲「パーラーカー」に設けられたコンパートメント。

交流機器を搭載した「481系」

1964(昭和39)年8月の北陸本線、金沢駅—富山操車場間の交流電化完成に伴い、交流機器を搭載した2電源対応の「481系」が誕生。そして、同年12月25日、北陸本線の大阪駅—富山駅間に、この「481系」を使用した特急「雷鳥」が登場した。愛称名は立山連峰に棲息する「ライチョウ」が由来。

編成は4・5号車に一等車を2両、6号車に食堂車を組み込んだ11両編成。1966(昭和41)年10月1日改正では、1往復が増発となり、「第1雷鳥」「第2雷鳥」の2往復体制となった。さらに1968(昭和43)年10月1日改正では「雷鳥1〜3号」の3往復に増強され、「485系」が採用された。

そして、米原駅—金沢駅間で最高速度120km/h運転が行われるようになり、大阪駅—富山駅間は4時間15分、大阪駅—金沢駅間は3時間27分と所要時間が短縮された。「雷鳥」は、まさに「151系」の血を引く、スピード自慢のサラブレッドだった。

1986(昭和61)年の国鉄最後のダイヤ改正で、最大の18往復に成長し、当時の在来線最速列車に輝いた。「雷鳥」から「485系」が引退したのは、2003(平成15)年9月のことである。今は特急「サンダーバード」として活躍している。

特急 雷鳥

1964(昭和39)年〜2003(平成15)年

Point
- 交流機器を搭載した2電源対応列車。
- 「151系」のスピードを継承する「481系」。

▲交流機器を搭載した2電源対応の「481系」。

▲3往復に増強され、「485系」が採用。

◆編成表

1号車	2号車	3号車	4号車	5号車	6号車	7号車	8号車	9号車
クハ 481	モハ 484	モハ 485	サロ 481	モハ 484	モハ 485	モハ 484	モハ 485	クハ 481

◆時刻表(1972年 | 上り | 所要時間:4時間23分) ※略表

富山駅	⇒	米原駅	⇒	京都駅	⇒	大阪駅
830		1127		1218		1253

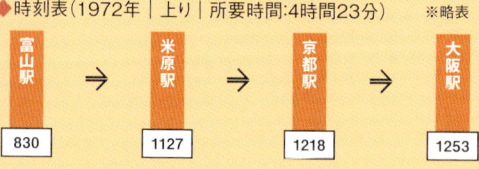

上越線で初めての特別急行列車

高崎線、上越線、信越本線を経由して上野駅と新潟駅を結んだ特急列車。新潟から東京への日帰りビジネスを意識したダイヤで運転され、4時間40分で上野駅─新潟駅を結んだ。

信越本線長岡駅─新潟駅間の直流電化完成により、上野駅─新潟駅間に上越線経由の電車特急の運転が計画された。「とき」はこうした動きにより、1962（昭和37）年6月改正で上越線初の特急列車として誕生し、「161系」直流特急型電車（のち出力強化により「181系」）を用いて運用した。

華麗なボンネットスタイルが特徴的な「161系」は、平坦線用に開発された「151系」の発展型として、上越線の特殊性を考慮して、抑速ブレーキと耐寒耐雪設備を施した山岳地向けに対応した車両だった。しかし、「161系」は投入後、3年ほどで形式消滅。その後は、モーターの出力増強やブレーキの増強などの改造工事を施した「181系」化が行われた。その「181」系も、後継車両である「183系」の投入により1982（昭和57）年9月に引退した。

しかし、同年の2か月後に上越新幹線が開業。「183系」も同線から撤退し、「とき」は上越新幹線にその名称を引き継いでいくことになる。

特急 とき

1962（昭和37）年
～
1982（昭和57）年

Point
- 東京、新潟の日帰りビジネスを可能にした。
- 山岳地向けに対応した「161系」を使用。

▲上越線初の特急列車として「181系」を運用。

▲鉄道博物館に展示される「とき」の普通車。

◆編成表

1号車	2号車	3号車	4号車	5号車	6号車	7号車	8号車	9号車
クロ161	モロ161	モロ160	サシ161	モハ160	モハ161	モハ160	モハ161	クハ161

◆時刻表（とき1号｜下り｜所要時間:3時間59分）　※略表

上野駅	大宮駅	高崎駅	水上駅	越後湯沢駅	六日町駅	小出駅	小千谷駅	長岡駅	東三条駅	新津駅	新潟駅
638	700	750	834	856	910	924	936	0948	1005	1025	1037

東西で名を馳せた「181系」電車

「うずしお」は、1961（昭和36）年10月改正で、大阪駅—宇野駅間に1往復設定された電車特急。「151（181）系」を使用し、関西—四国を結ぶ、宇高連絡船に接続する四国連絡列車の役目を帯びていた。東京駅—宇野駅間を走った昼行特急「富士」の間合いとしての側面を持っていたとしても、当時の特急列車の走行距離としては異例の短さであった。

1968（昭和43）年10月には、1往復増発して計3往復となった。また、運行区間も下り1本が大阪駅始発だった以外は、新大阪駅—宇野駅間となる。しかし、山陽新幹線・岡山開業により廃止された。

兄弟デュオ狩人が歌う『あずさ2号』が大ヒットし、社会現象を巻き起こした特急列車として有名な「あずさ」。デビューは、1967（昭和42）年12月。新宿駅—松本駅間に2往復、「とき」と共通運用の「181系」10両編成が使用された。

1973（昭和48）年10月改正では、運転本数は10往復に増加し全列車に自由席が設けられ、エル特急に指定された。さらに、1986（昭和61）年11月改正では、下り22本、上り23本に大増発された。2001（平成13）年12月改正で、新鋭の「E257系」に置き換えられた。

特急 うずしお

1961（昭和36）年〜1972（昭和47）年

特急 あずさ

1967（昭和42）年〜

Point
- 宇高連絡船に接続、関西と四国を結ぶ連絡特急。（うずしお）
- 『あずさ2号』の大ヒットで社会現象を起こした。（あずさ）

▲関西と四国を結ぶ宇高連絡船接続の列車の「うずしお」。

▲「とき」と共通運用の「181系」が使用された「あずさ」。

◆編成表（あずさ）

1号車	2号車	3号車	4号車	5号車	6号車	7号車	8号車	9号車	10号車
クハ181	モハ181	モハ180	モハ181	モハ180	サシ181	サハ181	モロ180	モロ181	クハ181

◆時刻表（第1あずさ｜下り｜所要時間:3時間59分）　※略表

新宿駅	→	八王子駅	→	甲府駅	→	上諏訪駅	→	松本駅
800		841		1010		1111		1159

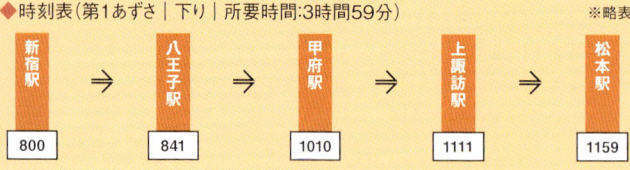

時代の先端を走ったボンネット特急に会いにいこう！

鉄道博物館と川重カンパニー兵庫工場の「クハ181形」

大宮の鉄道博物館には、国鉄新津工場、さらに新潟運転所上沼垂支所、新潟車両センターで静態保存されていた「クハ181形45号車」が保存展示されている。この車両は、「クハ161形5号車」として発注され、落成直前に「クハ181形」となった。上野駅―新潟駅間の「とき」として活躍したほか、中央本線の「あずさ」にも運用された。また、1965（昭和40）年の台風による東海道新幹線運休により、臨時急行として東京駅―大阪駅間を走った経歴もある。

さらに、東北本線の特急「やまびこ」、「ひばり」の電車化により製造された「クハ481形26号車」とその増備用車両「モハ484形61号車」が連結した状態で展示されている。「モハ484形」は、訓練車として改造され「モヤ484形2号車」となって、シートの一部を撤去して、ミーティングルームに改造されていたものを客室に復元している。

最近、豪華寝台電車「敷島」を製造したことで名を挙げた、川重カンパニー兵庫工場は、神戸市兵庫区の鉄道車両工場。ここには、同工場で製造された新幹線「0系21形」とともに、1958（昭和33）年に完成した「クハ181形1号車」が保存されている。この車両は、国鉄長距離電車特急の元祖である特急「こだま」登場時の東京向き先頭車としてデビューしたという由緒正しき車両。後に、東海道新幹線開業後は山陽本線の特急「つばめ」として電源車を連結して、交流区間の博多駅まで足を延ばして活躍した。生まれ故郷の工場で「クハ181形」の姿で保存されていたが、2016（平成28）年11月に完成当時の姿に復元されている。見学はできないが、正門横の公道からの撮影はできる。

また、京都鉄道博物館では、交通博物館に展示されていた「クハ151形」の実物大モックアップを見ることができる。

▲京都鉄道博物館の「クハ 151 形」カットモデル。

▲整備され、当時の姿になった「クハ181形1号車」。

非電化区間で活躍した国鉄長距離型ディーゼル特急

特急不在の路線に、高い輸送力を提供

1950年代まで、特急列車は、特別なものであり、地方路線に運行されることはなかった。特に戦後まもなくは、東海道本線を除けば、急行以上に速い特急列車を設定する必然性が低かった。また、電化についても、1956(昭和31)年に東海道本線が全線電化したのを除けば、1952(昭和27)年に完成した高崎・上越線上野駅―長岡駅間に限られていた。この当時、多くの路線は蒸気機関車による運行が中心で、速度向上を図ろうとすれば、編成両数を極端に減らすか、停車駅を減らす以外に有効な方法はなかった。

しかし、1958(昭和33)年10月の改正で、上野駅―青森駅間に、昼行の特急列車が1往復新設されることが決定した。この決定の背後には、高度経済成長に伴う東北本線の輸送需要の伸びと、青函連絡船との連携により鉄道による高い輸送需要が不可欠となったことがあった。これにより、特急「はつかり」を客車からディーゼル気動車へ置き換えて、接客設備に合わせ、スピードの向上を図るというプランが浮上した。そして、その実施は1960(昭和35)年10月とされ、同年12月から特急「はつかり」の営業運転が決定、急ピッチで開発が進められることとなった。

こうして、「キハ80系」特急形気動車が1960(昭和35)年9月に完成。「キハ80系」は、「151系」電車と同じボンネットスタイルで、快適な乗り心地とサービス設備が評判を呼んだ。

「キハ80系」は、日本における初の特急形気動車であり、1967(昭和42)年までに384両が製造された。そして、四国を除く日本全国で広く特急列車に用いられ、その地方を代表する特急列車として長く運用された。最初に投入された列車名にちなみ「はつかり形」とも呼ぶ人もいる。

▲日本初の特急形気動車となった「キハ80系」。

▲「キハ80系」の後継新造車「キハ82系」。

日本および東北で初めてのディーゼル特急

東北初の特急列車。当初は、常磐線経由で、「C61形」および「C62形」蒸気機関車の牽引で、「43系」客車などが使用された。

しかし、非電化区間でのスピードアップとサービス向上を図ることを目的に「キハ80系」特急形気動車が1960(昭和35)年9月に完成すると、同年12月10日、「はつかり」は、この最新鋭特急形気動車に置き換えられて、新たなスタートを切る。「キハ80系」は、「こだま」などで使用された東海道本線の「151系」電車と同等の車内サービスを備えたボンネットスタイルで、快適な乗り心地とサービス設備がセールスポイントとされた。

颯爽とデビューしたディーゼル特急「はつかり」は、快適さが格段に向上し、ブルドッグの愛称で親しまれ、名車としての活躍を開始。東北初の特急列車だけでなく、日本初の気動車特急列車としての地位も確立した。その後、好評を博し、1963(昭和38)年4月20日からは、当初の9両編成から10両に増車された。

しかし、「はつかり」も時代の流れには逆らえず、東北本線の全線電化で使用車両が「583系」電車となり、その後の東北新幹線の八戸延伸に伴い、惜しまれつつも姿を消していった。

特急 はつかり

1960(昭和35)年
〜
2002(平成14)年

Point
- 独特なボンネットスタイルのディーゼル特急。
- 東北初の特急列車として活躍。

▲ブルドッグと親しまれた東北初の特急列車。

▲回転クロスシート採用の「キハ81系」の2等車。

◆編成表

1号車	2号車	3号車	4号車	5号車	6号車	7号車	8号車	9号車	10号車
キハ 81	キロ 80	キロ 80	キサシ 80	キハ 80	キハ 80	キハ 80	キハ 80	キハ 80	キハ 81

◆時刻表(1961年｜下り｜所要時間:11時間28分)　※略表

上野駅	水戸駅	平駅	仙台駅	一ノ関駅	盛岡駅	尻内駅	青森駅
1230	1407	1526	1745	1911	2038	2227	2358

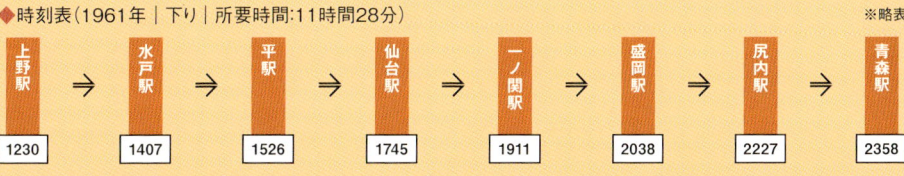

上野・大阪から東北へ。2つの気動車特急

「いなほ」は、1969（昭和44）年、東京と庄内地方を結ぶ列車として、上野駅―秋田駅間に新設された気動車特急。「キハ80系」気動車7両編成を使用し、先頭車にはボンネットの「キハ81形」が連結された。上野駅―秋田駅間を8時間半ばで走破、従来よりも1時間ほどの短縮を実現した。利用者も多く、1972（昭和47）年3月以降は9連で運転された。だが、同年10月2日の羽越線電化によるダイヤ改正では、「485系」電車化が投入され、気動車としてはわずか3年の短命に終わった。しかし、その後も「いなほ」は、姿を変えながら日本有数の穀倉地帯を懸命に走り続けている。

「白鳥」は、1961（昭和36）年10月に運行を開始した気動車特急。大阪駅―青森駅間、1052・9㎞、日本一の最長距離を走る昼行特急として注目を集めた。さらに、途中、直江津で分割され、信越本線経由で上野駅へ向かう列車も併結され、こちらも「白鳥」を名乗っていた。車両は、「キハ81系」の改良型「キハ82系」新造車を投入。1972年（昭和47年）10月2日に白新線・羽越本線電化完成により大阪駅―青森駅間の全線電化が完成。「白鳥」は、「485系」電車に置き換えられて電車化された。

特急 いなほ
1969（昭和44）年～1972（昭和47）年

特急 白鳥
1961（昭和36）年～1972（昭和47）年

Point
- **東京と秋田を結ぶ気動車特急。（いなほ）**
- **日本一の長距離を走る昼行特急。（白鳥）**

▲首都圏と庄内地方を結ぶ気動車形特急「いなほ」。

▲「白鳥」は日本一の最長距離を走る昼行特急だった。

◆編成表（いなほ）

1号車	2号車	3号車	4号車	5号車	6号車	7号車
キハ81	キロ80	キシ80	キハ80	キハ80	キハ80	キハ81

◆時刻表（いなほ｜1970年｜下り｜所要時間:8時間35分）　※略表

上野駅	→	高崎駅	→	水上駅	→	長岡駅	→	新津駅	→	新発田駅	→	村上駅	→	温海駅	→	鶴岡駅	→	酒田駅	→	羽後本荘駅	→	秋田駅
1325		1504		1554		1715		1755		1817		1848		1934		2004		2030		2124		2200

非電化区間で活躍したディーゼル特急を訪ねる

▲紀勢本線や常磐線などで活躍した「キハ81形」。

京都鉄道博物館に保存される「キハ81形」

「はつかり」、「いなほ」、「ひたち」、「くろしお」で活躍し、その独特なボンネット形状からブルドックの愛称で親しまれた「キハ81系」は、6両が製造された。その内、「キハ81形3号車」が京都鉄道博物館に保存されている。この車両は、大阪の交通科学館で長らく保存されていたもので、京都鉄道博物館開館にあたり、前頭部が開閉できるように整備されたうえで移された。いずれは、前頭部が開いた状態で展示されることが期待される。準鉄道記念物に指定されていて、外部からの見学のみで、内部には入れない。

▲全国で気動車特急網を確立した「キハ82形」。

リニア・鉄道館では「キハ80形」、「キハ82形」が見られる

「キハ82形」は、「おおぞら」、「白鳥」、「ひばり」など全国で活躍し、110両が製造された。現在では6両が全体を、1両が前頭部のみ保存されている。その内、名古屋のリニア・鉄道館では、紀勢本線の特急「くろしお」、「南紀」などで活躍した「キハ82形73号車」が、収蔵車両エリアに展示されている。(内部の見学は不可)この車両は、1994(平成6)年に「御殿場線60周年記念号」として、富士山をバックに御殿場線を走行している。

また、「キハ181形1号車」も、佐久間レールパークを経て、リニア・鉄道館に静態保存されている。「キハ181系」は、「キハ80系」の改良パワーアップ型で、「つばさ」、「やくも」、「しおかぜ」などで活躍した。

この他にも、「キハ181系」は、「12号機」が津山まなびの鉄道館(旧津山扇形機関庫)に、静態保存されている。

また、「キハ181系」は、海外でも実際に走っている姿を見ることができる。15両がミャンマー国鉄に譲渡され、現在も首都ヤンゴンのヤンゴン環状線に使用されている。暑い国だけに冷房車として人気が高いようだ。

国鉄長距離型電車特急の登場 [1958 昭和 33）年~]

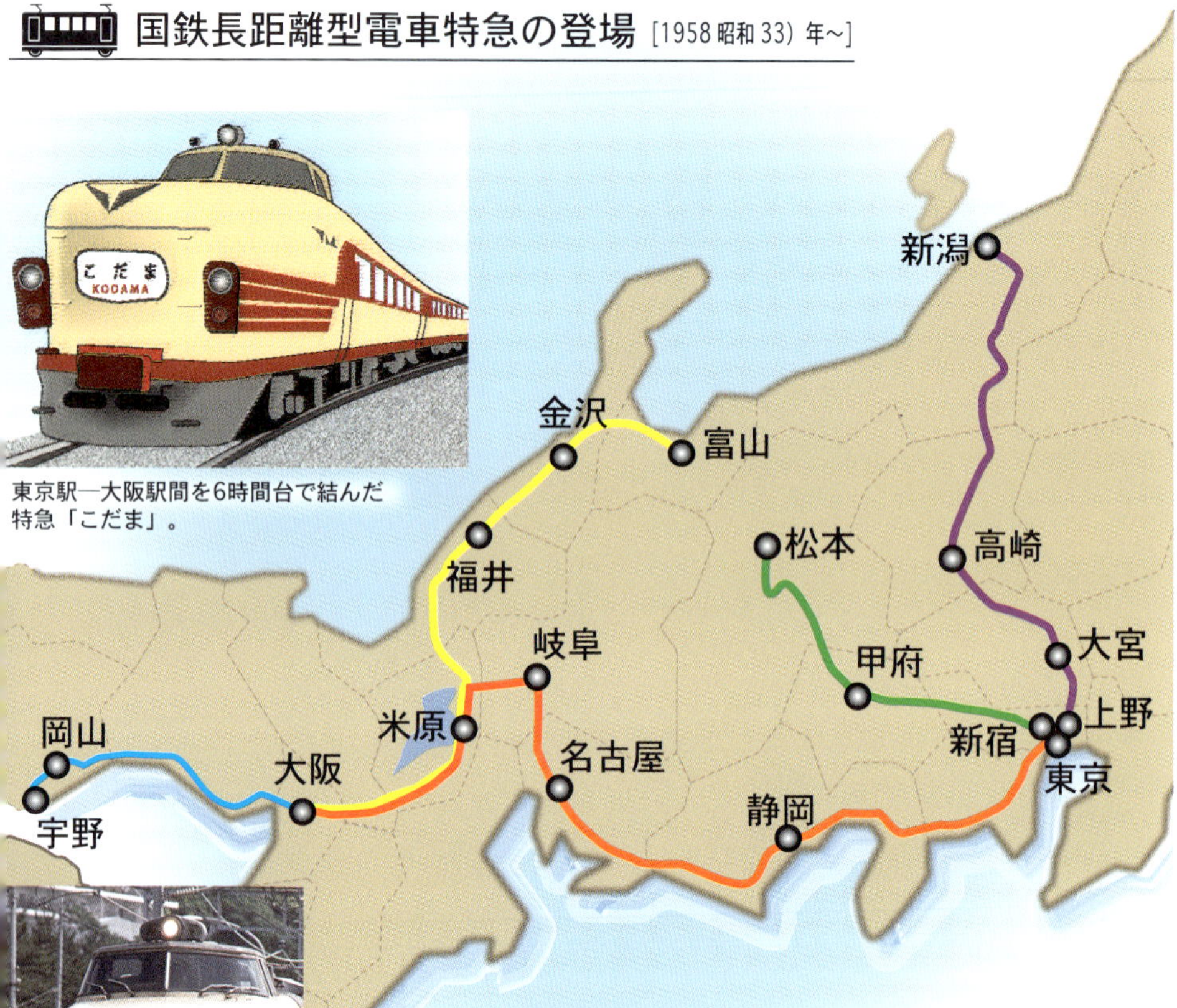

東京駅—大阪駅間を6時間台で結んだ特急「こだま」。

特急しおじ

昭和 30 年代の国鉄電車特急たち

特急 しおじ 新大阪駅—下関駅

特急 しらさぎ 名古屋駅—富山駅

特急 つばめ 新大阪駅—博多駅

特急 はと 新大阪駅—博多駅

特急 ゆうなぎ 新大阪駅—宇野駅

特急 こだま 東京駅—大阪駅（6 時間 50 分）

特急 雷鳥 大阪駅—富山駅（4 時間 23 分）

特急 とき 上野駅—新潟駅（3 時間 59 分）

特急 うずしお 大阪駅—宇野駅（2 時間 50 分）

特急 あずさ 新宿駅—松本駅（3 時間 59 分）

上越線初の特急列車として君臨した特急「とき」。

国鉄長距離型ディーゼル特急の登場 [1960（昭和35）年~]

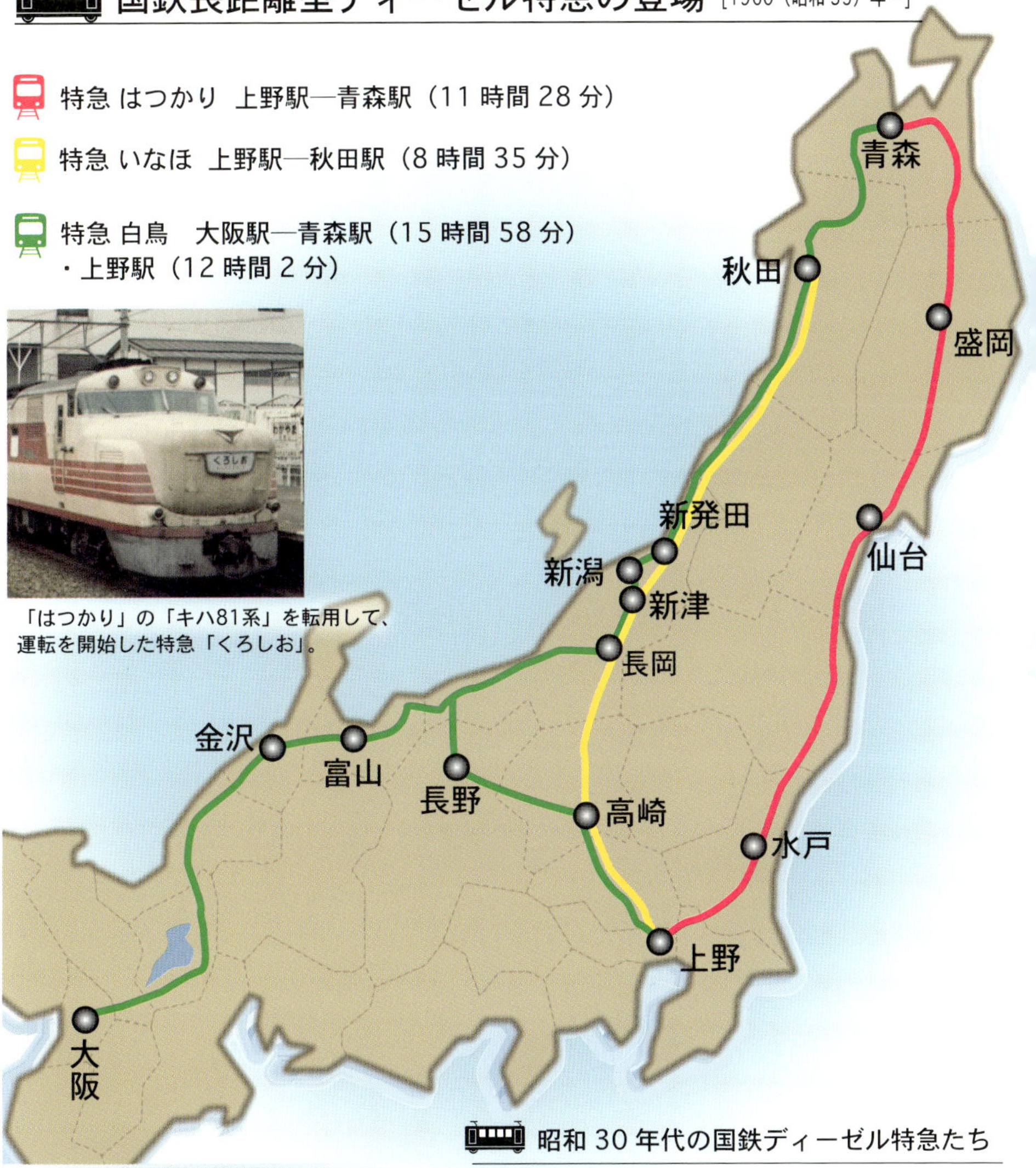

「はつかり」の「キハ81系」を転用して、
運転を開始した特急「くろしお」。

特急「まつかぜ」。京都ー博多駅間を
山陰本線経由で結んだ。

昭和 30 年代の国鉄ディーゼル特急たち

特急 おおとり 函館駅―網走駅・釧路駅
特急 おおぞら 函館駅―旭川駅・釧路駅
特急 つばさ 上野駅―盛岡駅・秋田駅
特急 やまばと 上野駅―山形駅
特急 ひばり 上野駅―仙台駅
特急 まつかぜ 京都駅―博多駅
特急 かもめ 京都駅―宮崎駅・長崎駅
特急 みどり 新大阪駅―熊本駅・大分駅

COLUMN

国鉄マンの父と、鉄道黄金時代の追憶

◀特急「そよかぜ」に乗務中の父。

父の凛々しい制服姿が私を鉄道へといざなった

1960年代の後半、国鉄マンであった私の父(故人)は、上野車掌区の車掌長として、上越・常磐・東北本線の特急を中心に乗務していた。父は、私が休みの日、気が向くと乗務に同行させてくれた。もちろん、今では完全にご法度な行為であるが、当時はそんなことも許された時代であったのだ。特急「とき」では、上野駅から新潟駅まで、私の居場所は乗務員室だった。青色の薄いシートに腰掛け、私は飽きもせずに車窓を眺めて過ごした。時折、車両をのぞくと、そこには夏服の真っ白な制服に身を包んだ父がいた。その凛々しい姿は今も脳裏に焼き付いている。折り返しの待機時間に、食堂車で父とほかの乗務員とともに昼食をとった。その時の、ドミグラスソースのかかったカツレツの味もまた、思い出のひとつだ。

そんな環境で育った私は、必然的に鉄道に夢中になった。特に、小・中学時代は、暇を見つけては一眼レフと三脚を携え、鉄道撮影に熱中した。また、HOゲージの収集にはまり、部屋の中は万年床ならぬ、万年レールという状態であった。

速さばかりをよしとしない旅情が感じられる鉄旅を

同じ頃、父の実家の札幌によく家族で帰省した。たいていは、上野駅を15時40分に出る特急「はつかり2号」を使い、深夜に青森駅に到着。そこから青函連絡船に乗り換え、夜明け前、函館駅から特急「おおぞら」で札幌駅へ向かうという旅程だった。その時のことで、今も記憶に鮮明に残っているのは、「はつかり」が上野駅を発車する時の気動車特有の重たげな加速と車体がきしむ音。そして、洞爺湖あたり、北海道の大地を背景に「おおぞら」の車窓から差し込んでくる朝日だった。その強烈な光は、長旅で疲れ切った眼には、痛みを感じるほど眩いものであった。そんな鉄道の旅は、現代と比べると、決して快適なものではなかった。しかし、それはまぎれもなく、旅情といってよいものだったと思う。

今の私は、決して熱狂的な鉄道マニアの部類には入らない。しかし、鉄道が旅の大切な要素として存在していた時代の生き証人のひとりである。時代は、スピード優先である。しかし、今後も、旅情をもとめ、鉄道の旅を続けていきたいものだ。

(高野晃彰)

新幹線の変遷 [1964（昭和39）年〜]

航空機のビジネスクラスを彷彿させる北陸新幹線のグランクラス。

新幹線内で温泉気分が味わえる「とれいゆつばさ」の足湯。

- 東海道新幹線　東京駅—新大阪駅（2時間22分）
- 山陽新幹線　新大阪駅—博多駅（2時間22分）
- 九州新幹線　博多駅—鹿児島中央駅（1時間17分）
- 東北新幹線　東京駅—新青森駅（2時間59分）
- 北海道新幹線　新青森駅—新函館北斗駅（1時間1分）
- 秋田新幹線　盛岡駅—秋田駅（1時間32分）
- 山形新幹線　福島駅—新庄駅（1時間54分）
- 上越新幹線　東京駅—新潟駅（1時間37分）
- 北陸新幹線　東京駅—金沢駅（2時間28分）

美術を鑑賞しながら旅が楽しめる「現美新幹線」。

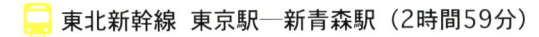

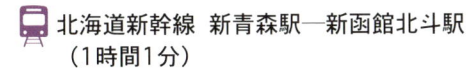

新幹線の開通。国鉄マンの夢から、国策へ！

国鉄時代の新幹線

1964（昭和39）年10月1日、東海道新幹線の東京駅―新大阪駅間が開業した。それは、国の方針はもちろんだが、それ以上に、後藤新平を中心とした国鉄総裁や技術陣、そして国鉄マンの執念が実らせた夢の結晶であった。

開業の年、国鉄は赤字に転落したにもかかわらず、山陽新幹線の建設を行い、岡山駅へ、博多駅へと延伸工事が続けられた。さらに、大宮駅―盛岡駅の東北新幹線と、大宮駅―新潟駅までの上越新幹線が開通した1987（昭和62）年、国鉄はついに解体・民営化され、JRグループが発足した。

国鉄最終日の3月31日には、国鉄乗り放題1万円という1日乗車券も発売され、春休みということもあって全国で臨時列車が運転された。なかでも東海道新幹線は、最終の「ひかり号」のあとに、こだま編成を使っての「臨時ひかり」が運転され、新大阪駅到着は、JRになった4月1日の0時少し過ぎというものだった。つまり、国鉄最後の新幹線は、はからずもJR最初の新幹線だったのだ。

鉄道建設公団でつくる新幹線

国鉄の新幹線建設は、建設主体が国鉄であったが、上越新幹線は日本鉄道建設公団が担当した。誰が見ても需要の大きい東北新幹線に比べ、上越新幹線も同時につくるのは明らかに不可解なことであった。

当時は「我田引鉄」と呼ばれ、政治家が赤字ローカル線を建設させるのが当たり前の風潮の中、すでに赤字となっていた国鉄が2本の新幹線を同時につくるための奇策であったことはいうまでもない。この公団は東海道新幹線の開通のめどがついた1964（昭和39）年3月に組織され、政治路線を多数建設して、国鉄の財政をさらに圧迫することになった。

『全国新幹線整備法』による新幹線建設

国鉄に全国新幹線網構想をつくらせて、それに乗っかる形で新全総「全国総合開発計画」を1969（昭和44）年に打ち出した政府与党は、翌年に『全国新幹線整

▲新幹線車両として最初に登場した「0系」。

▲盛岡駅—秋田駅間のミニ新幹線「秋田新幹線」。

備法』を公布した。これは、国鉄の意思に関係なく新幹線建設を進めるという法律だった。それによると、時速200km／h以上で専用の軌道を走行するものを新幹線と定義し、後に250km／hと改めたが、これが逆に高速化の足をひっぱることとなったのである。ともあれ、全体の構想では現有のほか羽越、奥羽、北陸中京、山陰、四国、四国横断、東九州、九州横断など7000kmにも及ぶものであった。

その第一段が、『昭和46年運輸省告示第17号』であり、その内容は東北（青森市まで）、上越、成田の3新幹線をつくることであった。しかし成田新幹線は沿線の反対や通勤輸送の必要性を重要視する方向に転換して取り消され、成田空港駅付近はJR成田空港線と成田スカイアクセス線に転用、東京駅付近はJR京葉線に転用された。翌年の告示では、北海道、北陸、九州そして九州の長崎ルートが決定された。

実現への危機感から生まれた ミニ新幹線

整備新幹線を待っていたのでは、いつまでもその順番が回ってこないとの危機感から、生まれたのがミニ新幹線である。山形新幹線はそのモデルケースとして、在来線の奥羽本線の線路幅を拡幅し、両方を走れる車両を開発してのスタートとなった。

当初は福島駅—山形駅間、さらに新庄駅間へと延長されたが、酒田駅か鶴岡駅までの延伸を望む声もある。そして、その成功を見た秋田県も田沢湖線と奥羽本線の一部の線路を広げて、盛岡駅—秋田駅間もミニ新幹線とした。しかし、踏切のある在来線の活用だけに、速度も遅く、フル規格新幹線を求める声が今も地元では根強い。また、線路幅を広げた区間へは、貨物列車やイベント列車が乗り入れることができないという不満も起きている。

東海道新幹線開通時の逸話

東京オリンピックに間に合った新幹線の開業

1964（昭和39）年10月1日、夢の超特急東海道新幹線が開通した。これは、東京オリンピックの開幕に合わせ、ある意味、ギリギリの開業となった。開業の前年には、テスト走行で時速258㎞／hを記録し、東京駅―新大阪駅間の所要時間は、特急「こだま」に比べ2時間も短縮され、4時間となったのだ。

国家的な行事だった東海道新幹線の開通

開業当日、『朝日新聞』の夕刊には、「東海道新幹線スタート」というキャッチコピーで、「マーチに送られ初列車」「輸送力は38％ふえる」と記載された。

その内容を抜粋してみると、東海道新幹線初列車の光景が今でも生き生きと伝わってくる。

「新しい日本の大動脈―東海道新幹線は一日、晴れて開業した。世界で最も速い列車〝夢の超特急〟の誕生である。東西の両ターミナル、東京駅と新大阪駅では、この日の早朝、初列車の出発式が行われ、定刻六時、初列車下り「ひかり1号」上り「ひかり2号」は、ブラスバンドに送られて西と東へ同時に出発。東京丸の内の国鉄本社では、午前十時十分から、天皇、皇后両陛下をお迎えして、新幹線の門出を祝う開業式が行われた。」とある。まさに、東海道新幹線の開通は、国家的な行事だったのである。

華やかな祝賀ムードに包まれた出発式

午前5時45分に幕を開けた、東京駅の出発式。ホームは紅白のモールやくす玉で華やかに飾られ、ブラスバンドのマーチが響き渡り、祝賀気分に包まれた。

そして、いよいよ初列車下り「ひかり1号」のスタートを迎える。東京都知事が大阪府知事、大阪市長に宛てたメッセージを朗読、都内の小学生から石田国鉄総裁、山本幸一運転士らに花束を贈呈した。間もなく、定刻1分前の発車ベルと汽笛が鳴り響く。石田総裁が紅白のテープをカットすると同時にくす玉が割れ、50羽のハトが羽ばたき、祝砲が秋空に響き渡った。そして、「超特急」のテーマ曲がひと際高く流れる中、山本幸一運転士の操縦で、満員の「ひかり1号」は、東京駅19番ホームを軽快に滑り出した。

▲新幹線開通時で、テープを切る「石田国鉄総裁。

新幹線開業時の車両「0系」に会いに行こう！

リニア・鉄道館の貴重な保存車両

館内に「21形86号車」、「16形2034号車」、「37形2523号機」の3両が保存展示されている。「16形」はグリーン車、「37形」はビュッフェであり貴重な保存車両。同所には、歴代新幹線車両がずらりと並び、その変遷を楽しめるだけでなく、部品などの展示も充実している。

▲営業中は見ることができなかった連結面が見られる。

鉄道博物館の「21形」は保存良好

開業時の車両であり、永らく大阪吹田のJR西日本社員研修センター（旧国鉄関西鉄道学園）で教材として保存されていた「21形2号車」が、再塗装されて美しい状態で保存展示されている。他に「21形25号車」の前頭部のみも入口付近に展示されている。

▲鉄道博物館の「21形2号車」は、保存状態が良く、美しい。

「21形」の車内が図書館に応用

昭島市つつじが丘3丁目にある、昭島市民図書館つつじが丘分室では、「21形100号車」が、車内を図書館として利用されている。もちろん無料で入れるので鉄道ファンだけでなく、子供たちに大人気の施設となっている。前照灯が点灯するのも嬉しい。

神戸海洋博物館で「21形」を身近に感じる

JR元町駅の南にある「神戸海洋博物館カワサキワールド」の館内に、「21形7038号車」の先頭部12mを保存展示している。製造時は「202号車」だったが、アコモデーション改造をして改番された。乗務員室に入ることもでき、運転士気分に浸ることもできる。別途台車の「DT200」も展示されていて、構造を身近に見ることができる。

また、同じ神戸市の川重カンパニー兵庫工場では、同工場で製造された「21形7008号車」（製造時「2012号車」）が、敷地内に保存されていて、イベント時などに見学できる。

東海道新幹線

世界有数の輸送力を誇る大動脈

東京駅と新大阪駅間を「ひかり」が4時間で結ぶ

東海道新幹線は、東京オリンピック開会に間に合わせるよう、直前の1964（昭和39）年10月1日に、東京駅―新大阪駅間で開業した。開業時の運行車両は、「0系」12両編成で最高速度210km／h。東京駅―新大阪駅間を「ひかり」が4時間、「こだま」が5時間で運行。開業当時の駅は、東京駅・新横浜駅・小田原駅・熱海駅・静岡駅・浜松駅・豊橋駅・名古屋駅・岐阜羽島駅・米原駅・京都駅・新大阪駅の12駅だった。

翌年11月1日には、ダイヤが改正され、東京駅―新大阪駅間を「ひかり」が3時間10分、「こだま」が4時間で運行、スピードアップが図られた。

1972（昭和47）年には、「ひかりは西へ」のキャンペーンのもと、山陽新幹線の新大阪駅―岡山駅間が開業。「ひかり」、「こだま」ともに15分間隔になり、「ひかり」は毎時3本が岡山駅へ直通運転となった。

より高速化への道程。「のぞみ」時代の幕開け

1987（昭和62）年、4月1日、国鉄分割民営化に伴い、東海道新幹線は全線がJR東海に移管した。しかし、引き続き山陽新幹線とは相互乗り入れが行われており、東海道新幹線区間のみを走る列車にJR西日本所有の車両が使われた。翌年3月には、先に開業していた三島駅に合わせ、新富士駅・掛川駅・三河安城駅が開業。そして、JR移行後初のダイヤ改正が実施され、東京駅―新大阪駅間の最終「ひかり」が2時間49分で運転、カフェテリアの営業も開始された。

元号が変わった1989（平成元）年には、「100系3000番台」の2階建て車両4両の「グランドひかり」が登場した。さらに、「ひかり」の影に隠れた存在になりつつあった「こだま」の快適性をアピールするため、指定席の2列＋2列シート化が進められた。

1992（平成4）年3月14日には、「300系」が営業運転を開始し、最高速度270km／hの「のぞみ」が1日2往復で登場、東京駅―新大阪駅間を2時間30分で運転した。翌年には、「500系のぞみ」が、東海道新幹線に乗り入れを開始し、本格的な「のぞみ」時代の幕開けとなった。

1999（平成11）年3月11日、「700系」が「のぞみ」として営業運転開始。一方で、東海道新幹線開業以来の車両「0系」のさよなら運転が9月18日に行われ、多くのファンから惜しまれつつ、東海道新幹線での営業運転を終了した。

品川駅開業と「N700系」の登場

2003(平成15)年10月15日のダイヤ改正で、品川駅が開業、運転車両も「のぞみ」が主体となった。大幅な増発に伴い、「のぞみ」「ひかり」で営業していたサービスコーナーが営業中止になり、新幹線車内での供食営業は車内販売のみとなった。

また、小田原駅・三島駅・浜松駅・豊橋駅の「ひかり」停車本数も増加。「こだま」も270㎞/h運転を開始し、東海道新幹線では全列車が270㎞/h運転に統一された。

2007(平成19)年7月1日、「N700系」が営業運転を開始。東京駅—新大阪駅間が最短で2時間25分に短縮され、品川駅始発列車が設定された。さらに、すべての東海道新幹線の列車が品川駅・新横浜駅停車となった。

2015(平成27)年以降、東京駅—新大阪駅間の所要時間は、最速2時間22分、最高速度285㎞/hで運行。1日当たりの列車本数は358本、輸送人員は約44・5万人、年間の輸送人員は約1億6300万人、年間収入は約1兆1920億円と、世界有数の輸送サービスを誇る路線として君臨している。

▲オレンジ色の文字のJRはJR東海、青い文字はJR西日本の所属車両を表す。

▲パンタグラフの数を削減。ユニット間を電気的に結びつける高圧引き通し線（高圧ケーブル）。

◆列車名　のぞみ（東京駅・品川・新横浜—新大阪駅間・広島駅間・博多駅間）
ひかり（東京駅—新大阪駅間・岡山駅間）
こだま（東京駅—名古屋駅間・新大阪駅間）

◆駅　名　東京駅・品川駅・新横浜駅・小田原駅・熱海駅・三島駅・新富士駅・静岡駅・掛川駅・浜松駅・豊橋駅・三河安城駅・名古屋駅・岐阜羽島駅・米原駅・京都駅・新大阪駅

山陽新幹線

関西から九州へ、瀬戸内の都市を結ぶ

「ひかりは西へ」のキャンペーンとともに

新大阪駅—博多駅間を結ぶＪＲ西日本の新幹線。東海道新幹線と多くの列車が直通運転を行っているため、一般に「東海道・山陽新幹線」とも呼ばれる。また、2011（平成23）年3月12日から九州新幹線とも直通運転を開始、3路線を総称して「東海道・山陽・九州新幹線」とも称される。

1972（昭和47）年3月15日に、新大阪駅—岡山駅間が開業した。「ひかり」を利用すると、最短で東京駅—岡山駅間が4時間10分、新大阪駅—岡山駅間は58分で結ばれた。この時に、「ひかりは西へ」のキャンペーンを開始。さらに、1975（昭和50）年3月10日に岡山駅—博多駅間が開業、これにより、山陽新幹線は、全線開業を果たした。所要時間は最短で東京駅—博多駅間が6時間56分、新大阪駅—博多駅間が3時間44分だった。

1980（昭和55）年10月1日のダイヤ改正では、三原駅—博多駅間の160㎞／h制限解除により、所要時間は東京駅—博多駅間が6時間40分、新大阪駅—博多間が3時間28分に短縮された。さらに、1985（昭和60）年のダイヤ改正では、所要時間は東京駅—博多駅間が6時間26分、新大阪駅—博多駅間が3時間16分となった。そして、翌年には、最高速度が220㎞／hに引き上げられ、所要時間は東京駅—博多駅間が5時間57分、新大阪駅—博多駅間が2時間59分に短縮された。それぞれ、博多駅まで6時間、3時間を切ることになった。

1987（昭和62）年4月1日、国鉄分割民営化により、山陽新幹線は全線がＪＲ西日本に継承された。民営化により、ドル箱路線である東海道新幹線に対抗するために、「ウエストひかり」など、6〜12両編成という短編成ではあるが、クオリティの向上を図った列車が多く運行されるようになった。

そして、1989（平成元）年3月11日のダイヤ改正では、「100N系」Ｖ編成「グランドひかり」が運転開始。最高速度230㎞／h運転により、東京駅—博多駅間が5時間47分、新大阪駅—博多駅間が2時間49分とさらに短縮された。

「のぞみ」の運用でさらなる時間短縮へ

1993（平成5）年3月18日のダイヤ改正で、東京駅—博多駅間に毎時1本、「のぞみ」が運転を開始。所要時間は東京駅—博多駅間が5時間4分、新大阪駅—博多駅間が2時間32分と大幅な短縮を果たした。

1995（平成7）年1月17日早朝に、阪神・淡路大震災が発生。山陽新幹線の始発前に発生したため、幸い

▶2007年に「のぞみ」の運転を開始した「N700系」。

にも乗客への直接的な被害は免れた。翌日には、新大阪駅—姫路駅間を除き、運転を再開。新大阪駅—姫路駅間で加古川線・播但線などにより迂回乗車を実施しながら、4月8日には全線で運転を再開した。

1997（平成9）年には、「500系」が「のぞみ」として運転を開始し、新大阪駅—博多駅間を2時間17分に短縮、同時に「0系」4両が小倉駅—博多駅間の「こだま」で運転を開始した。さらに、「700系」も「のぞみ」に投入された。

2000（平成12）年には、「700系7000番台」の「ひかりレールスター」が運転を開始、同時に「ウエストひかり」が廃止、その2年後には「グランドひかり」も廃止された。そして、2007（平成19）年には「N700系」が「のぞみ」で運転を開始。さらに、2011（平成23）年3月12日、九州新幹線と直通運転を開始。「さくら」、「みずほ」が運転を開始した。

▲新幹線初の車体傾斜装置を導入。曲線を高速で走り抜けることができる「N700系」台車。

▲「N700系」の進化版「N700系Advanced」の改造車両は、小さくAの文字が表記される。

◆列車名　のぞみ（東京駅—新大阪駅間・広島駅間・博多駅間）　みずほ（新大阪駅—鹿児島中央駅間）
さくら（新大阪駅—鹿児島中央駅間）　ひかり（東京駅—新大阪駅間・岡山駅間、新大阪駅—博多駅間）
こだま（新大阪駅・岡山駅—博多駅間）

◆駅　名　新大阪駅・新神戸駅・西明石駅・姫路駅・相生駅・岡山駅・新倉敷駅・福山駅・新尾道駅・三原駅・東広島駅・広島駅・新岩国駅・徳山駅・新山口駅・厚狭駅・新下関駅・小倉駅・博多駅

九州新幹線

九州と本州を結ぶ重要な架け橋

九州と本州を結ぶ重要な高速鉄道

すでに開業している鹿児島ルートと、工事中の長崎ルートがあるJR九州の新幹線。鹿児島ルートは、2004(平成16)年に新八代駅—鹿児島中央駅間が開業、2011(平成23)年3月12日には博多駅—新八代駅間が開業、1日に125本運転が行われている。このうち、46本・23往復が山陽新幹線に乗り入れ、新大阪駅—鹿児島中央駅間で相互直通運転を行っている。九州新幹線内は「800系」を使用した「つばめ」、「さくら」、山陽新幹線と相互運転を行うのは、新たに導入された「N700系7000・8000番台」による「さくら」、「みずほ」で、新大阪駅まで乗り入れている。

所要時間は、「みずほ」が新大阪駅—鹿児島中央駅間を最速3時間42分、新大阪駅—熊本駅間を最速2時間58分、広島駅—鹿児島中央駅間を最速2時間21分、岡山駅—鹿児島中央駅間を最速2時間57分で運転している。九州新幹線内では、博多駅—熊本駅間を最速33分、博多駅—鹿児島中央駅間を最速1時間17分で結ぶ。

九州新幹線は九州内の移動時間を短縮するだけでなく、京阪神や中国地方との経済や文化交流の活性化を担うとともに、九州と本州を結ぶ観光やビジネスのツールとして、重要な役割を担っている。

▲初代九州新幹線の車両「800系」。「700系」をベースに設計・製造された。

▲ウッドなどを多用し、車内デザインに優れた「800系」。3・5号車のシートバックは桜色。

◆列車名　つばめ（博多駅—熊本駅間）
みずほ（鹿児島中央駅—新大阪駅間）
さくら（鹿児島中央駅—博多駅間・新大阪駅間）

◆駅　名　博多駅・新鳥栖駅・久留米駅・筑後船小屋駅・新大牟田駅・新玉名駅・熊本駅・新八代駅・新水俣駅・出水駅・川内駅・鹿児島中央駅（鹿児島ルート）

新幹線高速化の技術

車体編

01

ノーズスタイル

新幹線の先頭車両は流線型の長い鼻のようなスタイルをしている。この部分をノーズと呼び、初代新幹線「0系」は、航空機の先頭部分を参考にして設計された。「500系」では円筒状、「700系」ではカモノハシ形となった。流体力学上は円筒形がよいが、乗務員室の必要な広さと視認性の確保、客室スペースの確保という相反する条件を満たすための労作といえる。

02

ボディマウント構造

車両構造の一種。製造の際に、床下部分も一体的に製造するもので、「200系」、「500系」に採用された。空力特性に優れ、雪や石の飛散から床下機器を保護する目的があった。しかし、製造コストや整備性の問題があり、以降の車両では、この構造の長所を生かしながらも、そうした欠点を補うため、見た目はマウント構造に近いものを、車両ごとに個別に開発している。

03

パンタグラフ

高速で安定して集電するための集電装置。在来線のバネ上昇式から、空気圧によるものに進化し、架線の押し戻す力や風圧による浮力を勘案して作動するようになっている。また、風切り音による騒音を極力抑えるために、シングルアームという簡潔な構造を採用している。これは、アームに溝をつけ、ふくろうが音も無く飛ぶところをヒントにしたものである。

東海道・山陽新幹線の新鋭車両

N700系

「700系」を基本に「最速・快適・環境への適合」をキーワードに、さらなる性能向上を目指した車両で、2007（平成19）年より営業運転を開始。山陽新幹線での300km/h運行を可能とした。車内は全席禁煙とされたが、禁煙ルームが設けられた。「500系」、「700系」に代わり「のぞみ」への投入が続いた。

▲10.7mの長さがあるエアロダブルウイング形状の「先頭部」。300km/h運転時、トンネル微気圧波を低減させるためにデザインされた。

▲「パンタグラフ」は、下枠を短くしてパンタグラフ基台の防音カバー内に納める。シングルアームパンタグラフTPS303/WPS206形を搭載する。

▲8～10号車の「グリーン車」は、快適性を追求。リクライニングに合わせて座面後部を沈めるシンクロナイズド・コンフォートシートを採用。

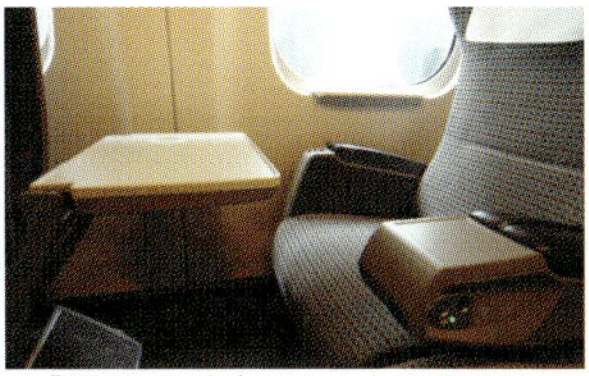

▲「グリーン車」のシートの背面には、A4ノートPCが置ける大型の「背面テーブル」を装備。全座席に「コンセント」も設置される。

▲2＋3配列シートの「普通車」。ノートパソコンが置ける大型の「背面テーブル」を設ける。窓側席と車端部席には「コンセント」も備えられる。

▲「普通車」のシートは、A、C席は10㎜拡大して440㎜に、B席は従来通り460㎜。クッションは複合バネを加え、乗り心地が向上。

▲「トイレ」と「洗面台」は奇数号車に設置される。しかし、電動車などに対応できる多目的トイレの設置はない。

▲客席は、全車禁煙のため「喫煙スペース」が設置されている。光触媒脱臭装置は、JR東海が開発した。

▲4、9、12号車のデッキには、カード式の「公衆電話」が設置される。携帯がつながりにくい電波の悪いエリアを走行中には便利。

▲客室仕切りドアの上には、大型のフルカラーLEDの「車内表示器」が設置される。

東北新幹線

東海道新幹線に次ぐ輸送人員を誇る

関東と東北を結ぶ高速鉄道の誕生

東北新幹線の着工は、1971（昭和46）年11月28日に遡る。この時、「ひかりは北へ」のキャッチコピーが展開された。1980（昭和55）年には、東北新幹線列車の愛称が「やまびこ」、「あおば」と発表された。

1982（昭和57）年6月23日、東北新幹線は、大宮駅―盛岡駅間465・2㎞で暫定開業し、「200系」が営業運転を開始した。当時の最高速度は、210㎞／h。速達タイプが「やまびこ」、各駅タイプが「あおば」となった。未通の大宮駅―上野駅間は専用列車の「新幹線リレー号」で結ばれた。そして、11月に本開業を迎え、「やまびこ」、「あおば」は、合わせて30往復に大幅増便された。

1985（昭和60）年3月14日、上野駅―大宮駅間27・7㎞が延伸開業。同時に水沢江刺駅、新花巻駅が開業した。最高速度も240㎞／hに引き上げられ、「新幹線リレー号」は廃止された。

東京乗り入れとともに速達化が図られる

1987（昭和62）年4月1日、国鉄分割民営化が行われ、東北新幹線はJR東日本の管轄となった。

1991（平成3）年6月20日、東京駅―上野駅間3・6㎞が、延伸開業。東北新幹線も東京駅乗り入れを果たす。翌年7月1日には、山形新幹線（福島駅―山形駅間）が開業した。

1995（平成7）年12月1日、東北新幹線開業以来、最大規模となる抜本的なダイヤ改正が実施された。この改正では、「やまびこ」、「Maxやまびこ」の停車パターンを大幅に変革、仙台駅、盛岡駅方面への速達化および混雑度の分散化が図られた。

1997（平成9）年3月22日、秋田新幹線（盛岡駅―秋田駅間）が開業。それに伴い、最高速度を275㎞／hへ引き上げ、「E2系」が営業運転開始。「200系・E2系やまびこ」と「E3系こまち」の併結運転が開始された。「つばさ」を併結する「やまびこ」が10両編成となり、東京駅―福島駅間では新幹線としては初めての17両編成が運転された。さらに、10月1日、北陸新幹線、高崎駅―長野駅間（通称・長野新幹線）が開業した。

東京駅―新青森駅間で最短3時間を切る

1999（平成11）年12月4日、山形新幹線の山形駅―新庄駅間が延伸開業。「E3系1000番台」が営業運転を開始した。

２００２（平成14）年12月1日、盛岡駅―八戸駅間96・6㎞が延伸開業。「はやて」が運転を開始した。そして、２０１０（平成22）年12月4日、八戸駅―新青森駅間 81・8㎞の延伸開業に伴い、ついに、東北新幹線は全線開業を果たした。翌年3月5日には、東京駅―新青森駅間で「はやぶさ」が運転開始。最高速度を３００㎞／ｈへ引き上げられた。

２０１１（平成23）年3月11日、未曽有の災害といわれた東北地方太平洋沖地震（東日本大震災）が発生。地震直後から全線で運転を見合わせたが、9月23日には震災前の通常ダイヤに戻った。

２０１３（平成25）年3月16日には、「はやぶさ」のうち、単独運転を行う列車の一部で営業最高速度を３２０㎞／ｈに引き上げ、東京駅―新青森駅間を最短2時間59分で結んだ。（東京駅―仙台駅間が1時間30分、東京駅―盛岡駅間が2時間10分）

そして、秋田新幹線用新型車両である「スーパーこまち」として、最新鋭の「E6系」が営業運転開始。さらに翌年には、東京駅―新青森駅間の「はやて」がすべて「はやぶさ」に統一された。東北新幹線の２０１０（平成22）年の総輸送人員は、7千５０３万人。東海道新幹線に次ぐ、大動脈に成長した。

▲連結して走る「E5 系・はやぶさ」と「E6 系・こまち」。時速 320km/h は世界最速コンビ。

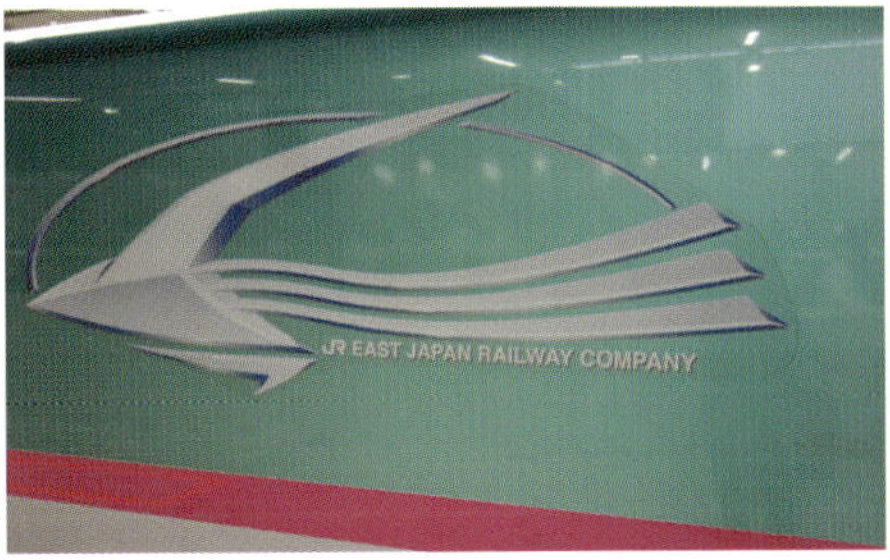

▲「はやぶさ」の車体に描かれた E5 系の車両シンボルマーク。先進性とスピード感を表現。

◆列車名　はやぶさ（東京駅―仙台駅間・盛岡駅間・新青森駅間・新函館北斗駅間、仙台駅―新函館北斗駅間）
はやて（東京駅―盛岡駅間、盛岡駅―新函館北斗駅間）
やまびこ（東京駅―仙台駅間・盛岡駅間、仙台駅―盛岡駅間、仙台駅―那須塩原駅間・郡山駅間）
なすの（東京駅―小山駅間・那須塩原駅間・郡山駅間）

◆駅　名　東京駅・上野駅・大宮駅・小山駅・宇都宮駅・那須塩原駅・新白河駅・郡山駅・福島駅・白石蔵王駅・仙台駅・古川駅・くりこま高原駅・一ノ関駅・水沢江刺駅・北上駅・新花巻駅・盛岡駅・いわて沼宮内駅・二戸駅・八戸駅・七戸十和田駅・新青森駅

北海道新幹線

道央への延伸でその真価が問われる？

函館から札幌へ。新幹線はさらに北へ

青森県青森市から北海道旭川市までを結ぶ計画の新幹線で、ＪＲ北海道により運行されている。１９７２（昭和47）年７月３日、青森市―札幌市間の基本計画が公示され、２００５（平成17）年５月22日に新青森駅―新函館北斗駅間（１４８・８㎞）が着工、２０１６（平成28）年３月26日に同区間が開業した。

ＪＲ東日本が管轄する東北新幹線と接続して、「はやぶさ」「はやて」により、相互直通運転が開始された。新青森―新函館北斗間の所要時間は、開業時点では、新青森―新函館北斗間を最短１時間１分、東京―新函館北斗間を最短４時間２分で結んでいる。新函館北斗駅―札幌駅間は、２０３１年頃の開業予定である。

１９８７（昭和62）年11月に、全長53・85㎞、海底部23・30㎞の青函トンネルが開通、翌年３月13日、海峡線開業に伴い、供用が開始された。

北海道新幹線においては、青函トンネルを含む新中小国信号場―木古内駅間の82・１㎞区間は三線軌条による在来線（海峡線）との共用区間である。開業している区間は整備新幹線として、営業列車の最高速度は２６０㎞／ｈとなっているが、在来線との共用区間では１４０㎞／ｈに制限されている。

▲新函館北斗駅側先頭車の10号車にはプレミアムクラスの「グランクラス」が連結される。

▲ JR 東日本の「E5 系」をベースとした「H5 系」。「H」は、「Hokkaido Railway Company」の頭文字。

◆列車名　はやぶさ（東京駅―新函館北斗駅間、仙台駅―新函館北斗駅間）
はやて（盛岡駅―新函館北斗駅間、新青森駅―新函館北斗駅間）

◆駅　名　新青森駅・奥津軽いまべつ駅・木古内駅・新函館北斗駅

秋田新幹線

ピンク色のラインカラーが鮮やかなボディ

田沢湖・奥羽本線を走るミニ新幹線

盛岡駅から秋田駅まで田沢湖線・奥羽本線を走行するＪＲ東日本の同区間の通称。盛岡駅—東京駅間で東北新幹線との直通運転を行っているため、東京駅—秋田駅間も秋田新幹線と呼ばれる。

１９９７(平成９)年３月22日、東京駅—秋田駅間に「こまち」が「Ｅ３系」５両編成で運行開始。新在直通方式のミニ新幹線として開業した。在来線のレール幅をフル新幹線のレール幅に改軌した上で新幹線路線と直通運転できるようにする方式であるミニ新幹線は、『全国新幹線鉄道整備法』では、あくまで在来線であって新幹線ではないということになる。

２０１１(平成23)年３月11日、東北地方太平洋沖地震(東日本大震災)が発生。地震直後から全線で運転を見合わせたが、４月27日には全線で運転を再開した。11月には、「Ｅ５系」を「はやて」に投入した。

２０１３(平成25)年３月16日、「Ｅ６系」による「スーパーこまち」が運行開始。最高速度が宇都宮駅—盛岡駅間で３００㎞／ｈへ引き上げられた。しかし、翌年には「スーパーこまち」は廃止、列車名を「こまち」に統一。この時点で秋田新幹線の車両は、すべてを「Ｅ６系」に置き換えられた。

▲「E6系」の連結部には、車体の隙間から発生する騒音を制御する全周ホロが装備される。

▲車体幅が在来線サイズの「E6系」。新幹線区間の駅でホームの隙間を埋めるドアステップ。

◆列車名　こまち（東京駅—秋田駅間）

◆駅　名　盛岡駅・雫石駅・田沢湖駅・角館駅・大曲駅・秋田駅

山形新幹線

福島から庄内平野を北上、山形を経て新庄へ

東京と庄内を結ぶミニ新幹線

ミニ新幹線方式により福島県の福島駅から山形県の山形駅を経て、同県の新庄駅まで奥羽本線を走行するJR東日本の同区間の通称。東京駅―福島駅間で東北新幹線との直通運転を行っている。

山形新幹線の構想は、1980年代初頭、国鉄運転局長の山之内秀一郎が、スキー場として人気だった蔵王のある山形県に新幹線を導入したいとの一念から思い立ったことによるという。そして、1988(昭和63)年4月に山形新幹線建設事業の推進母体として、山形ジェイアール直行特急保有株式会社が設立された。

1992(平成4)年7月1日、『全国新幹線鉄道整備法』に基づかない新在直通方式のミニ新幹線として開業。東北新幹線内は、「200系」と併結する「400系」が6両編成で、営業運転を開始した。1999(平成11)年12月4日、山形駅―新庄駅間が延伸開業、「E3系1000」番台が投入された。2012(平成24)年3月17日、東北新幹線内の併結相手の一部を「E2系」へ置き換え。同時に東北新幹線内での最高速度を275km／hへ引き上げ、所要時間を短縮した。2014(平成26)年7月19日には、観光列車「とれいゆつばさ」が福島駅―新庄駅間で運行を開始した。

▲「E3系」の普通車。「つばさ」は12～17号車に連結される。ミニ新幹線のため座席は2＋2列が基本。

▲足湯やお座席指定席など、温泉街に居るような楽しみに溢れた観光列車「とれいゆ つばさ」。

◆列車名　つばさ（東京駅―新庄駅間）
とれいゆつばさ（福島駅―新庄駅間）

◆駅　名　福島駅・米沢駅・高畠駅・赤湯駅・かみのやま温泉駅・山形駅・天童駅・さくらんぼ東根駅・村山駅・大石田駅・新庄駅

新幹線高速化の技術

駆動系編

01

ブレーキ

高速で運転するということは、高速域から安全に停止させる技術も非常に重要。新幹線では、在来の鉄道のブレーキシューという車輪を摩擦により止める方式から、車軸のディスクを抑えて止める方式にしている。また、モーターを発電機とすることにより、電気的抵抗により停止させる電力回生ブレーキを併用することによって、大幅な電力節約も図られている。

02

サスペンション

新幹線には空気バネ、つまりエアサスペンションが使われている。鉄道車両は板バネ、コイルバネから進化してきたが、単なるエアサスではなく、アクティブサスペンションといい、曲線通過時に車体を傾斜させることにより、曲線通過速度を向上させることができる。これには、台車にダンパーと呼ばれる制御機構を併用することで、安定して行われている。

03

デジタルATC（自動列車制御装置）

ATCとは自動列車制御装置のことという。高速運転のため、線路脇の信号機を見ることができない高速鉄道では、列車に速度を指示する信号を送り、運転をコントロールしている。従来のシステムは地上の指示によるものを主体にしていた。しかし、これを車両主体に変え、車両上の装置が自動的に計算を行って、適正な速度を車両本体に指示する。

これにより、運転間隔を詰めることが可能になっただけでなく、なめらかな加減速により、乗り心地の改善が図られている。さらに、装置の小型化、コストの削減、動作状況を常にモニタリングすることにより、異常時の原因究明や復旧の早期実現も図っている。日立製作所とJR東日本の共同開発によるDATACが東北、上越、北陸などの新幹線や、山手線、京浜東北線などに導入されており、日本信号製のATCNS形がJR東海道·山陽と九州新幹線に導入されている。

東北・秋田新幹線の新鋭車両

E6系

7両編成の新在直通用車両。秋田新幹線「こまち」と「はやぶさ」、「やまびこ」、「なすの」（増結用）で使用。東北新幹線内では「E５系」と併結し、導入当初は宇都宮駅―盛岡駅間で最高速度300km/hでの運転を行った。後に、宇都宮駅―盛岡駅間での最高速度が単独併結問わず320km/hとなった。

▲23mの先頭車車長のうち、半分以上ある13mの「先頭部」は「E6系」の特徴のひとつ。

▲「パンタグラフ」は、PS209形低騒音シングルアームパンタグラフを2基装備。在来線車両限界内に納めた遮音板が備わる。

▲大曲方先頭車11号車に用意された「グリーン車」。シートピッチは、1,160mmで、レッグレストを装備、全席にコンセントが配置される。

▲「グリーン車」のシートの背もたれには、大型の背面テーブルとドリンクホルダーを装備。肘かけにも小型のテーブルが内蔵される。

▲普通車の座席背面には「大型テーブル」が備えられている。窓側席と車端部席には「コンセント」が設置され、パソコンの使用に便利。

▲在来線サイズで車体幅が狭いため、「普通車」の座席は、2＋2配列。シートピッチは980㎜とやや狭めに統一されている。

▲12号車には「多目的トイレ」が設置され、ハンドル付電動車イスにも対応する。トイレは13、14、16号車に設置される。

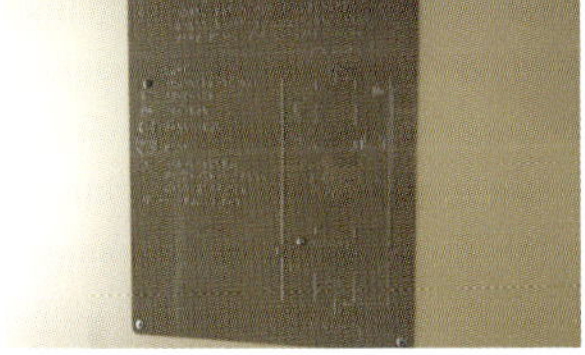

▲昨今の新幹線は、バリアフリーも充実。デッキには、「点字案内板」が備え付けられ、視覚障碍者にも十分な配慮がなされている。

▲携帯電話全盛の時代にあって、12号車と16号車のデッキには、カード式の「公衆電話」が設置される。

▲客室内の表示機横と下、デッキ乗降ドア上に「防犯カメラ」が設置され、犯罪に対する備えとする。

上越新幹線

震災を乗り越え、JR東日本中枢路線へ

上越線花形特急「とき」が復活

大宮駅―新潟駅間を結ぶJR東日本の新幹線。全列車が東京駅まで乗り入れているため、東京駅―新潟駅間が上越新幹線とされる。1971(昭和46)年に基本計画が決定、同年4月1日の整備計画の決定を経て、10月14日に運輸大臣が国鉄および日本鉄道建設公団に対して上越新幹線の工事実施計画を認可した。さらに、同年11月28日に大宮駅―新潟駅間が起工、キャッチコピーは、「ひかりは北へ」とされた。

当初は、1976(昭和51)年度の開業予定だったが、中山トンネルの建設時に異常出水事故が起こるなど、度々の難工事に悩まされ、開業時期が大幅に延期された。そして、1982年(昭和57)年11月15日に大宮駅―新潟駅間、303・6kmが暫定開業。「200系」による速達タイプが「あさひ」、各駅タイプが「とき」と名づけられた。開業時は、「あさひ」が11往復、「とき」が10往復設定。1985(昭和60)年3月15日には、東北新幹線上野駅―大宮駅間が延伸開業。これにより、上越新幹線も上野駅への乗り入れを開始した。

そして、国鉄分割民営化、JR東日本発足後の1990(平成2)年12月20日、越後湯沢駅―ガーラ湯沢駅間、1・8kmが開業。この区間は、冬期間のみの営業で、新幹線車両しか乗り入れないが、線籍上は上越線の支線で在来線扱いとなっている。さらに翌年6月20日には、東北新幹線東京駅―上野駅間が延伸開業。上越新幹線と東北新幹線が東京駅乗り入れを果たした。

定期列車の大宮停車と「GENBI SHINKANSEN(現美新幹線)」の登場

1994(平成6)年以降になると新列車が続々と登場する。7月15日には、「E1系Max」が営業運転を開始、「Maxあさひ」、「Maxとき」が登場した。さらに、1997(平成9)年10月1日には、列車愛称を行先別に整理し、「たにがわ」、「Maxたにがわ」が新設され、「とき」、「Maxとき」は廃止された。さらに、同日、北陸新幹線の高崎駅―長野駅間(通称・長野新幹線)が開業し、同新幹線が東北新幹線の東京駅―大宮駅間および上越新幹線の大宮駅―高崎駅間に乗り入れを開始、「E2系」の「あさま」が営業運転を始めた。2002(平成14)年12月1日、「あさひ」、「Maxあさひ」を「とき」、「Maxとき」に改称。5年ぶりに上越線名特急「とき」の愛称が復活した。

2004(平成16)年10月23日、新潟県中越地震が発生し、浦佐駅―長岡駅間で走行中の「とき325号」が脱線したが、負傷者はなかった。そして、12月28日には

全線で運転が再開された。

北陸新幹線開業で大幅に運輸体系が変わる

２０１５(平成27)年３月14日、北陸新幹線の長野駅―金沢駅間開業に伴い、上越新幹線の輸送体系が大幅に見直しされた。

「とき」の東京駅―新潟駅間を1往復、「たにがわ」の東京駅―越後湯沢駅間を7往復、東京駅―高崎駅間を0・5往復それぞれ削減。また、すべての定期列車が大宮駅に停車することとなった。そして、翌年の４月29日には、観光列車「GENBI SHINKANSEN（現美新幹線）」が運転を開始した。

東京駅―大宮駅間は線籍上東北新幹線であるが、大宮駅を始終着とする列車はなく、全列車が東京駅まで乗り入れていて、同区間を含む東京駅―新潟駅間が上越新幹線とされる。また、上越新幹線の大宮駅―高崎駅間に乗り入れている北陸新幹線の列車については、東京駅―高崎駅間においても北陸新幹線とされる。

なお、２０１８(平成30)年から２０２０年度までに、北陸新幹線と同一仕様の「Ｅ７系」を11編成製造の上、「Ｅ４系」と置き換え、「Ｅ７系」と「Ｅ２系」の２車両による運用になると発表されている。

▲アート感覚に溢れ、走る美術館といわれる「GENBI SHINKANSEN」は2016年４月から運行。

▲「とき」のトレードマークを付けた、オール２階建て「Max」の２代目として開発された「E4系」。

◆列車名　とき（東京駅―新潟駅間）　Maxとき（東京駅―新潟駅間）
たにがわ（東京駅―越後湯沢駅・ガーラ湯沢駅間）
Maxたにがわ（東京駅―越後湯沢駅間・ガーラ湯沢駅間）

◆駅　名　東京駅・上野駅・大宮駅・熊谷駅・本庄早稲田駅・高崎駅・上毛高原駅・越後湯沢駅・ガーラ湯沢駅・浦佐駅・長岡駅・燕三条駅・新潟駅

北陸新幹線

首都圏から富山、金沢への旅が便利に

北陸地方をより身近に感じさせる新幹線

上信越・北陸地方を経由して東京都と大阪市を結ぶ計画の新幹線。その構想は、1965(昭和40)年に遡るとされる。そして、1997(平成9)年10月1日、高崎駅—長野駅間が開業。東北新幹線の東京駅—大宮駅間および上越新幹線の大宮駅—高崎駅間に乗り入れを開始し、「E2系」が「あさま」として営業運転開始した。

2013(平成25)年6月7日、JR東日本とJR西日本が長野駅—金沢駅間の駅名を発表。上越駅は「上越妙高駅」、新黒部駅は「黒部宇奈月温泉駅」、新高岡駅はそのままの名称に決定した。10月10日には、長野駅—金沢駅間開業後の列車名が発表された。東京駅—金沢駅間の速達タイプが「かがやき」、停車タイプが「はくたか」、金沢駅—富山駅間のシャトルタイプが「つるぎ」、東京駅—長野駅間の長野新幹線タイプが「あさま」となった。

2015(平成27)年3月14日、長野駅—上越妙高駅—金沢駅間開業。新型新幹線車両「E7系」が投入された。これにより、富山県、石川県への大幅な所要時間短縮が実現された。未開業区間のうち金沢駅—敦賀駅間が2023年春に開業する予定。最終的には、京都市を経て、大阪市に至ることが決定されている。

▲最新鋭「E7系」。豪雪地帯を走る新幹線として2018年初頭の降雪にも遅延なく運行した。

▲「E7系」のプレミアクラス・グランクラスの1人掛けシート。内蔵されたテーブルを設置。

◆列車名　かがやき（東京駅—金沢駅間）
はくたか（東京駅・長野駅—金沢駅間、上越妙高駅—長野駅間）
つるぎ（金沢駅—富山駅間）
あさま（東京駅—長野駅間、軽井沢駅—長野駅間）

◆駅　名　長野駅・飯山駅・上越妙高駅・糸魚川駅・黒部宇奈月温泉駅・富山駅・新高岡駅・金沢駅

2階建て車両と個室

人気の2階建て車両はまもなく姿を消す

新幹線の2階建て車両が初めて登場したのは、1985(昭和60)年にデビューした「100系」で、編成の中央に2両連結された。「100系」は、東海道新幹線の2代目車両として開発された。1両はグリーン車で、1階には個室が設けられ、もう1両は食堂車だった。「100系」の2階建て車両は、ライバルである航空機への対抗から、スピードに加え、快適性、特別性を打ち出したものだった。眺めのよい2階席と食堂車は、乗客の優越感を掻き立てるのに十分だった。その後、JR東日本の「E1系」、「E4系」でも2階建て車両が導入され人気を博したが、こちらは輸送力増強が主な目的であった。

しかし、それ以降の導入はなく、東北新幹線では2012(平成24)年、上越新幹線では2020年度末までに廃車になる。廃車の理由は幾つかあるが、車両が重くなるためスピードアップがしにくいのが最大の理由とされる。事実、「E4系」は、最高時速240㎞／hにとどまっている。

▲間もなく廃止になる2階建て車両。

▲優越感満点の個室だが、今は山陽新幹線のみ。

抜群のプライベート感と優越感に満ちた個室

かつて、東海道新幹線の2階建て車両1階に設けられていた個室。眺めはあまりよくなかったものの、そのプライベート感と優越感は新幹線の旅の醍醐味ともいえた。しかし、2階建て車両の廃止とともに、姿を消していった。

現在残っている個室は、博多駅―新大阪駅間の「ひかりレールスター」(「700系」)の普通個室のみで、定員4名ながら3名から使用可能。普通車料金で乗れるのも魅力。また、個室に代わるものとして多目的室がある。体が不自由な人が優先され、空いていれば、体調不良時や、授乳など子供の世話などに使用できる。

上越・北陸新幹線の新鋭車両

E7系・W7系

北陸新幹線、長野駅—金沢駅間延伸開業に合わせ開発されたJR東日本（「E7系」）、JR西日本（「W7系」）の車両で、両者はほぼ同一仕様。グランクラスという最上級の車両があり、通路を挟んで1列＋2列にシートピッチ、枕、読書灯、インアーム式テーブル、カクテルテーブル、電源コンセントを装備する。2018年からは上越新幹線でも運用。

▲「先頭部」は、ワンモーション・ラインと呼ばれるシンプルな形状。長さはE2系と同様の9.1mで、同等の環境性能を満たしている。

▲「パンタグラフ」は、静粛性に優れた片持ち構造。275㎞/h仕様のPS208A形を3､7号車に搭載する。遮音版は装備しない。

▲12号車の最上級クラス「グランクラス」。シートピッチ1,300mm、定員18名のプレミアム空間。専任アテンダントによるサービスがある。

▲グリーン車の「背面大型テーブル」。ノートパソコンを置くことができ、リクライニング角度に合わせて前後にスライドができる。

▲普通車の「コンセント」と「折り畳みテーブル」。全座席に「コンセント」を装備。「折り畳みテーブル」はノートパソコンを置ける大きさ。

▲11号車の「グリーン車」は、モダンさの中に日本の伝統美をプラスしたデザイン。シートピッチは1,160mmで、肘かけにカップホルダーを内蔵。

▲オーソドックスな、2＋3配列シートの「普通車」。シートピッチは、1,040mmで、カラーは、エンジとグレー。足元は広い空間をキープ。

▲「多目的トイレ」は、7号車と11号車に設置。電動車イスの利用が可能で、シャワー機能とオストメイト設備が付く。

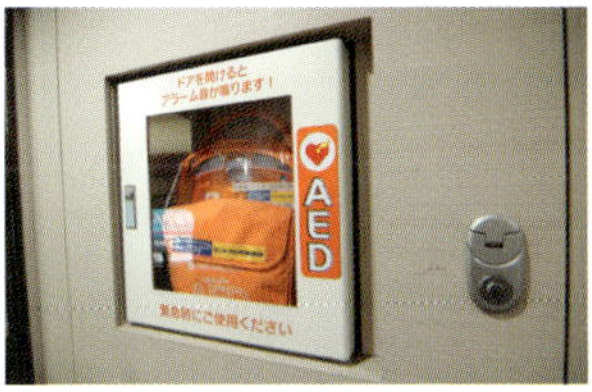

▲各車両のデッキに、救命機器であり、今や必需品となった「AED」が設置される。

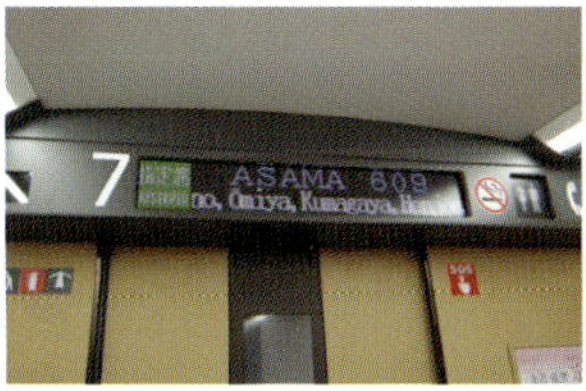

▲客室内はもとより、デッキ、通路部分にも「防犯カメラ」が設置され、犯罪に対する視覚を徹底的に排除する。

新幹線を知ろう！

主要新幹線車両の紹介

1964（昭和 39）年に東海道新幹線が開通してから、
日本の新幹線の歴史は半世紀を超えた。
その間、時代を反映するように多くの車両が開発され、
西へ東へと人々の夢を乗せて、走った。
そんな新幹線車両を路線ごとに紹介しよう。

東海道新幹線・山陽新幹線

0系

1964（昭和 39）年の東海道新幹線開業時に国鉄が投入した車両。1986（昭和 61）年まで 20 年以上にわたって 3000 両余りが製造されたため、製造年度によって様々な仕様がある。登場時の最高速度は 210km/h。1986（昭和 61）年 11 月 1 日のダイヤ改正から 220km/h に引き上げられた。

東海道新幹線・山陽新幹線

100系

1985（昭和 60）年、「0 系」の置き換えを目的に、新幹線初のモデルチェンジ車両として登場、1992（平成 4）年までに約 1000 両が製造された。座席間隔の拡大により 3 人掛け座席を初めて回転可能としたほか、個室も設けられた。グリーン車や食堂車などに 2 階建て車両を 2 両または 4 両組み込んだ。

東海道新幹線・山陽新幹線

300系

東海道新幹線の高速化を図るため、最高速度は270km/hに引き上げられ、この車両とともに「のぞみ」が登場した。東京駅―新大阪駅間を2時間30分で結び、大幅な時間短縮を達成。2階建て車両は組み込まず、普通車・グリーン車のみによる16両編成とし、以後の東海道新幹線用車両の基本となった。

東海道新幹線・山陽新幹線

500系

山陽新幹線の高速化を目的としてJR西日本が開発した車両で、新幹線初の300km/h運転を達成。1997（平成9）年、東京駅―博多駅間を直通する「のぞみ」として、新大阪駅―博多駅間の所要時間を2時間17分とした。2010（平成22）年に「300系」より早く、東海道新幹線での営業運転を終了。

東海道新幹線・山陽新幹線

700系

JR東海とJR西日本の共同開発により、1999（平成11）年に営業運転を開始。先頭形状はカモノハシに似た独特の形状で、乗り心地・快適性の改善に主眼が置かれ、最高速度は285km/hとした。「のぞみ」「ひかり」用16両編成として1200両が製造されたが、現在では「こだま」での運用が主体。

東海道新幹線・山陽新幹線

N700S系

「N700系」のさらなる進化を遂げた車両。乗車定員の1323席すべてに電源コンセントが設置されるほか、異常時には車内防犯カメラの映像を総合指令所でも確認できるようにするなどの安全対策を強化している。東京五輪が開催される2020年度を目途に量産車を投入して、営業運転を開始する予定。

九州新幹線

800系

九州新幹線の初代車両として2004（平成16）年に登場し、「つばめ」、「さくら」に使用。「700系」を基本に開発・製造されているが、空力的な理由からカモノハシのような先頭形状は採用されていない。独特な和の意匠が施された全車両普通車で、座席は２列＋２列の４列配置となっている。

山陽新幹線・九州新幹線

N700系7000番台

「N 700」をベースに8両編成化、「つばめ」、「さくら」、「みずほ」に使用。最高速度は山陽区間が300km/h、九州区間で260km/h。九州区間での35‰勾配に対応して全電動車化が図られている。普通車自由席は２＋３の5列配置、普通車指定席は、グリーン車並みの快適性を追求した２列＋２列の４列配置。

東北新幹線

E2系

1997（平成9）年に登場。「はやて」（東京駅―盛岡駅間）、「やまびこ」、「なすの」で使用。「E5系」が登場するまでは東北新幹線の主力車両だった。10両編成で、「E3系」6両と併結して運転することもあり、全車禁煙となっていて、喫煙ルームはない。東北新幹線での最高速度は275㎞/h。

東北新幹線　山形新幹線
秋田新幹線

E3系

山形新幹線の「400系」をベースにした6両編成の新在直通用車両。新在直通運転の第2号として1997(平成9）年に登場した。現在は、秋田新幹線では使用されておらず、山形新幹線の「つばさ」に主に使われ、一部の「やまびこ」「なすの」にも用いられている。東北新幹線内での最高速度は275㎞/h。

東北新幹線　山形新幹線
秋田新幹線

E3系700番

2014（平成26）年に登場した山形新幹線の観光列車「とれいゆつばさ」の編成。秋田新幹線に使われていた初期型の「E3系」を改造。基本的に福島駅―山形駅―新庄駅間で運用され、東北新幹線には原則として乗り入れない。6両編成で、お座敷指定席、足湯、ラウンジなどの設備を車内に備える。

東北新幹線・北海道新幹線

E5/H5系

2011（平成 23）年に登場した東北新幹線の主力車両。「はやぶさ」に主に使われ、一部の「はやて」「やまびこ」「なすの」にも用いられている。「E5 系」が JR 東日本の車両、「H5系」が JR 北海道の車両で、基本仕様は同じ。10 両編成で、「E6 系」7 両や「E3 系」6 両と併結して運転することが多い。

上越新幹線・東北新幹線

200系

東北新幹線、上越新幹線の初代営業車両、1982（昭和 57）年に登場。東北新幹線としては、「E2 系」の増備により、1997（平成9）年からは廃車が進み、2011（平成 23）年11 月 18 日をもって全編成の定期運用が終了した。さらに、上越新幹線の定期運用も 2013（平成 25）年3 月 15 日で終了した。

東北新幹線

E1系

1997（平成 9）年に登場。「はやて」（東京駅―盛岡駅間）、「やまびこ」、「なすの」で使用。「E5 系」が登場するまでは東北新幹線の主力車両だった。10 両編成で、「E3 系」6 両と併結して運転することもあり、全車禁煙となっていて、喫煙ルームはない。東北新幹線での最高速度は 275 km /h。

東北新幹線　山形新幹線
秋田新幹線

400系

1992（平成4）年7月1日に、山形新幹線「つばさ」と「なすの」（増結用）として、運用が開始された。新在直通用として、在来線区間を走るため、在来線規格に合わせている。「E3系2000番台」への置き換えにより、2010（平成22）年4月18日の臨時「つばさ18号」をもって運用を終了した。

東北新幹線

E4系

2階建て車両のMax。「Maxやまびこ」と、「Maxなすの」（一部列車は「なすの」）で使用された。「E5系」の増備により、2012（平成24）年9月に定期運用終了。現在は、上越新幹線系統のみで運用されている。2017（平成29）年には、仙台発上野行きの臨時列車「東北新幹線開業35周年記念号」として運用。

上越新幹線

E3系700番台

観光列車「GENBI SHINKANSEN（現美新幹線）」用に「E3系R19」編成を改造した車両。現美とは、現代美術の略で、2016（平成28）年4月29日営業運転を開始した。各車両には著名なアーティストが、この列車のためだけに制作した現代アートが展示され、キッズスペースやカフェが設けられた車両もある。

新幹線の守り神！ドクターイエロー

東海道新幹線の軌道・架線・信号を点検！

正式名称を「新幹線電気軌道総合試験車」という。新幹線の軌道や架線などの狂いやゆがみ、信号装置の異常などを点検計測して、保守の目安などにする事業用の車両。黄色い車体であることから「ドクターイエロー」と通称されるようになった。そのダイヤは公表されないことから、出合えれば幸運であるとされて、子供にも女性にも、人気を集めている。

「921形1号車」は、1964（昭和39）年、東海道新幹線が開業のための試験線、鴨宮モデル線で登場した車両。登場時は4000形4001号であり開業直前に改番され、「911形」ディーゼル機関車に牽引されて時速160km／hで検測を行った。全長18mの箱型のずんぐりしたスタイルで、軌道検測用に3つの台車を持ち、入れ替えなどのときは低速で自走し、その後東北新幹線に移り、1980（昭和55）年まで活躍した。惜しくも解体されて現存していない。

東海道新幹線の開業に合わせて旧型客車（マロネフ2911）を大幅に改造して誕生した「921形2号車」は、全長17・5m。自走はできず、1976（昭和51）年に解体された。

「922形0番台」は、モデル線で使われている「1000形」B編成を改造したもので、このため4両編成で、のちにT1編成と呼ばれ、「921形」に軌道検測を任せたために、電気や通信の検測車となった。1975（昭和50）年に廃車解体された。

部内ではT2編成とも呼ばれる「922形10番台」は、1974（昭和59）年に博多開業に備えて新造された車両。7両編成となり、「0系」ベースのため210km

▲「0系」ベースの初代ドクターイエロー「922形」。

Dr.Yellow

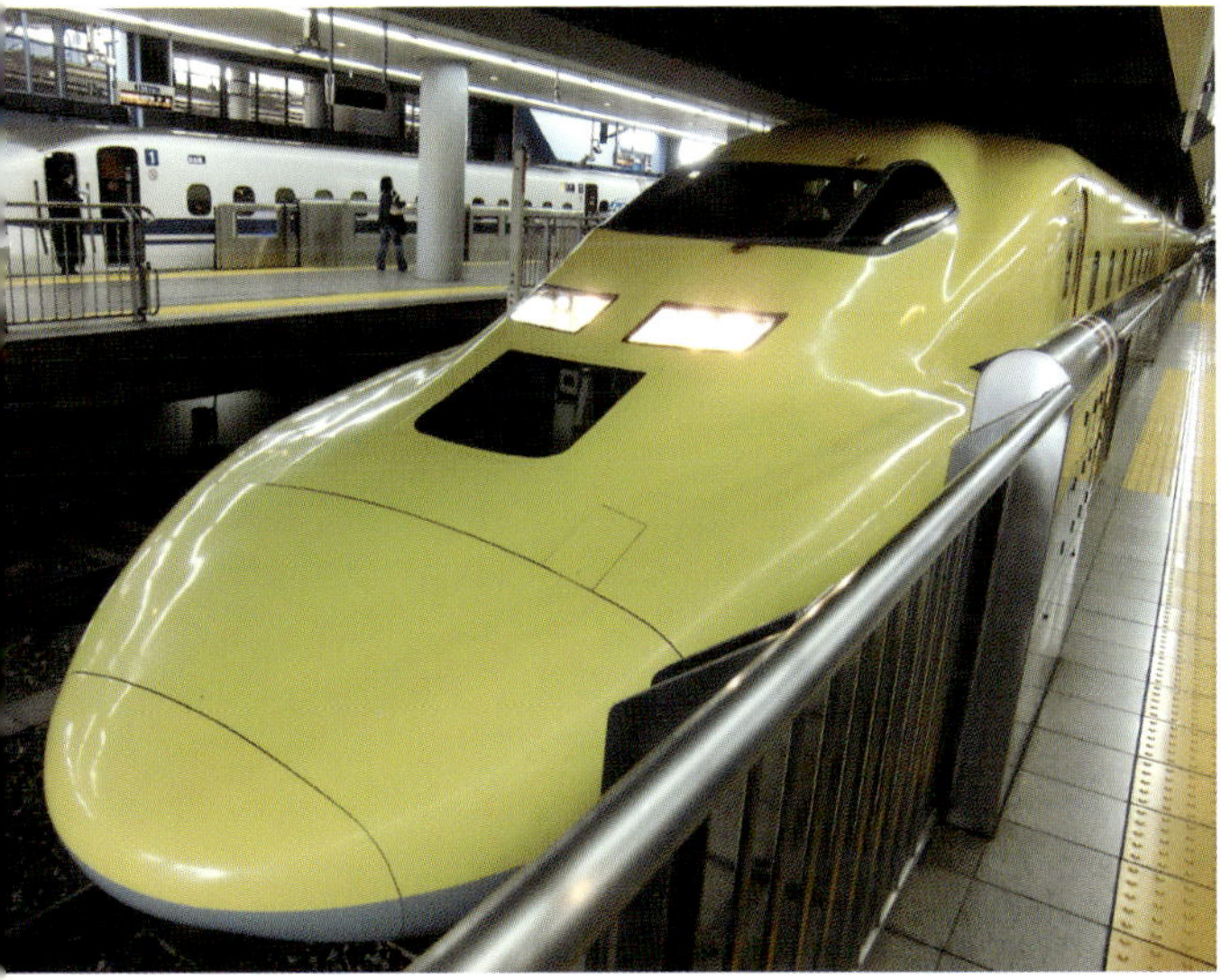

▲「700系」ベースの2代目ドクターイエロー「923形」。

／hまでの検測しかできず、夜間中心の運用となり、2001（平成13）年廃車解体された。4号車には寝台があり、新幹線最初の寝台付車両（583形寝台電車B寝台と類似した構造）となったことでも知られ、営業車での登場も期待されたが、いまだに実現はしていない。

「922形20番台」は、1979（昭和54）年、「0系1000番台」をベースに製造され、T3編成と呼ばれた。このためT2編成に近いものの小窓になっている。また連結器のカバーも黄色となったので、見分けがつきやすかった。2005（平成17）年、廃車となり、先頭車がリニア・鉄道館に保存されている。

高速化に対応した最新の「923形」

最も新しいのが「700系」ベースの高速化に対応した「923形」。T4編成とも呼ばれ、時速270km／hでの走行ができる。検測車、レーザー検測装置や大型プラズマディスプレイを新たに装備し、外観もやや明るい黄色（マリーゴールドイエロー）になっている。

2005（平成17）年にはT4編成とほぼ同様なT5編成が登場しているが、T4がJR東海の所属に対して、JR西日本所属のため、博多総合車両所でのジャッキアップのための機構などに若干の違いがみられるものの、東京に常駐し、浜松工場で検査をするという東海の車両と同等の検査体制をとって、特殊車両に対する保守の合理化を図っている。

「N700S」確認試験車がまもなく登場するが、今後はこの車両を「ドクターイエロー」の代替にするとのうわさもあり、JR東海、西日本ともに正式発表はないが、「700系」とともに姿を消す可能性もあるようだ。

食堂車とビュッフェ

旅にゆとりを与えた新幹線の食堂車

食堂車が導入されたのは、開業から11年目の1975(昭和50)年のこと。既存の「ひかり」編成に「36形」食堂車が組み込まれた。「富士山を見ながら食事ができる」がセールスポイントの走るレストランだった。

当時、食堂車は日本食堂、ビュッフェとうきょう、帝国ホテル列車食堂、都ホテル列車食堂の4社により運営されていた。それぞれが個性を競ったが、定番的なカレーライスが550円と同料金なのが興味深い。また、都ホテル列車食堂では、サーロインステーキコース3000円という高価なメニューもあった。

そして、1980年代に入ると、食堂車は2階建て車両の2階(8号車)に設けられ、眺望のよさで人気を得た。

新幹線から食堂車の営業が終了したのは2000(平成12)年3月で、「100系グランドひかり」が最後。廃止の理由は、新幹線の利用客が増えたため。座席数を増やす必要があったのだ。

▲食堂車には、列車旅独特の風情があった。

▲食堂車が満席の時、ビュッフェを利用する乗客も多かった。

バー感覚で利用できた手軽なビュッフェ

食堂車より手軽に飲食が楽しめたのがビュッフェだった。東海道新幹線開業当初は、運転時間が短いため本格的な食堂車の連結は見送られ12両編成中に「35形」ビュッフェ・普通合造車を2両連結して営業した。

ビュッフェ部はテーブルと回転椅子を装備した着席式で、カレーやハンバーグなどの軽食とお酒を含めたドリンクがメニューの中心だった。

大阪万博開催に伴う輸送力増強に伴い、編成を「ひかり」編成と「こだま」編成に分離し、「こだま」編成では5号車を売店車に差し換え、以降「こだま」用編成はビュッフェ1両が正規となった。

COLUMN

知っておきたい 日本の鉄道車両の形式称号

動軸の数で表記する蒸気機関車と電気機関車

蒸気機関車は鉄道開通当時、形式記号はなく、数字のみで形式を表していた(120形、150形など)。しかし、機関車の種類が増えたことで現場に分かりやすくするため、1928(昭和3)年、動軸の数(推進力を伝達する車輪の車軸の数)で、表記することになった。1軸をA、2軸をB、3軸をC、4軸をD、5軸をEで表した。また、数字は、49までをタンク機関車(石炭も水も機関車に積んだ車両)、50番以降をテンダー機関車(炭水車を連結した機関車)とした。つまり「C62形」は、3軸の動軸を持ったテンダー機関車ということになる。

電気機関車も蒸気機関車と同様に、当初は数字のみで形式としていたが、同じく同軸の数の前に、電気であることを示す、E(エレクトリックの頭文字)をつけた。「EF58形」、「EH10形」などで、Fは6軸、Hは8軸(現在最大)である。

カタカナと数字で表記する客車と電車

客車は、重量記号と種別記号をカタカナで表記し、それに番号を組み合わせる。重量記号は、当初は大きさで、小型の「コ」、中型(なかがた)の「ナ」、大型の「オ」から、細分化されて重量別となった。「コ」から始まり、すごく重い「ス」、全く重い「マ」、かなり重い「カ」まで、「コ」「ホ」「ナ」「オ」「ス」「マ」「カ」の7種が生まれた。22.5トン未満の「コ」から5トン刻みで、「カ」が47.5トン以上となっている。なお、重量記号が付くのはボギー車のみで、2軸、3軸車はなかった。

種別記号は食堂車の「シ」、展望車の「テ」、寝台車の「ネ」、緩急車(車掌台付)の「フ」などがある。だが、国鉄末期に生まれた電源車や、ロビーカーなどには記号がない。また等級は当初、一等車「イ」、二等車「ロ」、三等車「ハ」としたが、2等級制に変更した時に、一等車を「ロ」、二等車を「ハ」とした。さらに、等級をなくした時に、グリーン車を「ロ」、普通車を「ハ」としている。

電車も、客車と同様に、カタカナと数字の組み合わせで構成されている。「ロ」「ハ」については、客車と同様だが、電車専用の記号「ク」「モ」「サ」がある。「ク」は制御車(運転台付)、「モ」はモーターのある電動車、「サ」は運転台もモーターのない付随車である。運転台のある電動車は「クモ」となる。私鉄では「モ」を「デ」とすることも多く、「クモ」も「デ」で表す例も多い。なお、新幹線は当初から記号がない。

▲6軸の「EF58形」電気機関車89号機。

▲鉄道開通当時の「1290形」蒸気機関車。

これからの新幹線・リニアモーターカー

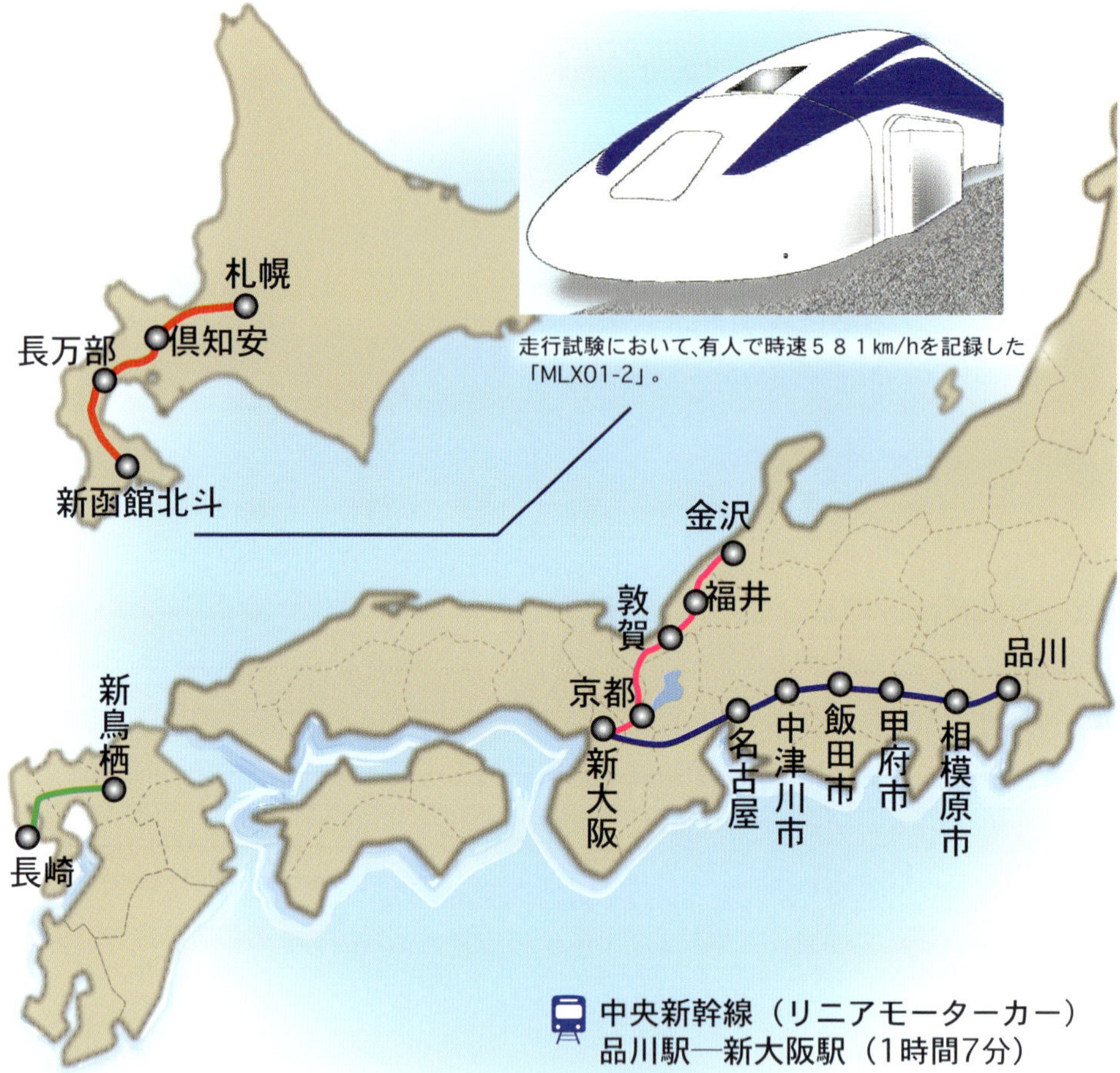

走行試験において、有人で時速５８１km/hを記録した「MLX01-2」。

中央新幹線（リニアモーターカー）
品川駅―新大阪駅（1時間7分）
（2037年開業予定）

北陸新幹線
金沢駅―新大阪駅
（2031年度以降 着工予定）

九州新幹線
新鳥栖駅―長崎駅
（武雄温泉駅―長崎駅間
2023年開業予定）

北海道新幹線
函館北斗駅―札幌駅
（着工・開業ともに未定）

新型車両「L0系」実験線を疾走するリニアモーターカー

ビジュアルで紐解く

日本の高速鉄道史

〜 名列車とたどる進化の歴史 〜

現代・未来編

進化する高速鉄道

リニアモーターカー

これからの新幹線

路線網の拡充。北陸新幹線の延伸

現在、金沢駅から敦賀駅間の工事が進められており、2020年には福井駅までの開業が、2023年には敦賀駅への開業が見込まれている。政府は開業の前倒しを画策しているものの、環境問題などがあり難航している。また、在来線と直通する軌間変換車両「フリーゲージトレイン」を導入して、大阪からの在来線特急を敦賀駅で新幹線に乗り入れる構想があったが、車両の開発の遅れにより断念し、同一ホームで乗り換えるように検討が進められている。

敦賀駅から新大阪駅については、当初は福井県小浜市から京都府亀岡市の新京都駅を経由して新御堂筋の地下を通り、新大阪駅へ結ぶルートが有力視されていたが、京都駅にリニア(中央新幹線)が止まらないことが決定したこともあり、米原ルート、湖西線沿いルートなどと比較検討され、小浜市から京都駅、さらに学研都市線松井山手駅付近を通り、新大阪駅へという南回りルートが、ほぼ決まっている。

本格着工は2031年度以降とされているので、開業予定はまだ明示されていない。また並行在来線のJRから切り離すという原則があるため、敦賀駅以西をどうするか、湖西線沿線から反対の声があり、困難を極めている。

路線網の拡充。北海道新幹線の延伸

新函館北斗駅—札幌駅間については、フル規格で建設することとし、長万部駅で起工式も行われているものの、財源などの問題で本格的工事には至っていない。しかも、JR北海道の経営危機の表面化や、札幌駅の場所が決定できないなどの問題も浮上していて、先行きは不透明である。

路線網の拡充。九州新幹線長崎ルート

九州新幹線新鳥栖駅から分岐して長崎駅へのルートのうち、武雄温泉駅—長崎駅間66kmについては、2023年開業の予定である。

しかし当初、「フリーゲージトレイン」を導入して、新鳥栖駅—武雄温泉駅間は在来線を走り、博多駅から長崎駅まで直通する予定だったが、車両開発の遅れから断念して、乗り換えが必要なリレー方式を採用することが決まっている。なお、新鳥栖駅—武雄温泉駅間については、フル規格新幹線導入の声が高まっているが、全区間フル規格にした場合の採算など問題も多く、政治と車両開発、さらにJR九州の経営状況をにらみながらの展開になっている。しかし、新幹線〜在来線〜新幹線という2回の乗り換えと不便になるため、博多駅から武雄温泉駅への在来線特急も、考えられる。

▲北陸新幹線図（JR東日本広報資料より）

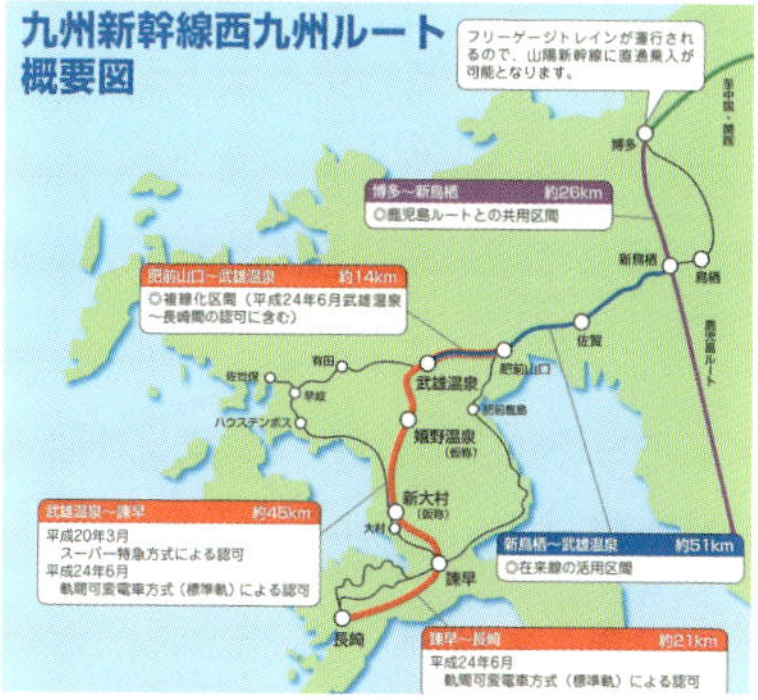

▲九州新幹線図（JR九州広報資料より）

▲北海道新幹線図（JR北海道広報資料より）

車両の進化。東海道・山陽新幹線

現在投入されている「N700A形」に代えて、2020年度から「N700S形」を投入することが発表されている。Sは「Supreme」つまり、最高を意味するという。基本設計から見直したモデルであり、空力を改善したデザインで騒音を減らし、車内も空調や照明を改善、普通車も含め全席にコンセントを設置するなどサービス改善に努めている。2018（平成30）年3月には確認試験車が完成し、試運転が見られることになる。

車両の進化。東北・上越新幹線

JR東日本はさらなる高速化については、ずっと慎重な姿勢をとってきたが、2017（平成29）年になって、記者会見の論調が少し変わってきている。つまり記者の質問した高速化という問題についての回答が変わってきているのである。技術陣は最高速度を時速360㎞／hに引き上げる車両の実用化は可能と見ており、盛岡以北の260㎞／h速度制限を緩和できるということのようだ。憶測の域を出ないが、「E8系」、「E9系」となると最高速度360㎞／hという電車になることが想像できるのである。しかし、騒音や振動といった問題も残されている。

在来線高速化に向けたJR各社の取り組み

電気式気動車を投入　JR北海道

国鉄時代から使用している「キハ40」などの、車齢30年以上の気動車を置き換えるために、電気式の気動車を開発投入することが、2017（平成29）年7月に発表された。それによると、「DECMO（デクモ）」との愛称をつけられたステンレス製の両運転台車両で、ワンマン運転の可能なものとする。床面高さを低くして乗降をしやすくし、セミクロスシート、車いす対応トイレ、450馬力のエンジンを備え、最高速度100km／hとなる。2018（平成30）年2月に量産先行車両2両を完成させ、1年以上の試験を行ったうえで本格投入する予定になっている。

輸送力増強を進める　JR東日本

首都圏への一極集中は依然として進んでいるため、さらなる輸送力増強が求められている。そのため、中央線では10両編成をグリーン車を2両増結して12両にするためのホーム延伸や、それに伴う駅改良工事が進行中である。この区間は東京駅―大月駅間、分割編成8両での青梅線立川駅―青梅駅間で、これにより、東海道、横須賀、東北、高崎、総武・常磐の各線に続いてグリーン車連結が達成されることになる。

混雑の激しい京葉線については、一部区間の複々線化、りんかい線（東京臨海高速鉄道）への乗り入れが検討されている。同様に混雑が激しい南武線については、車両の大型化や運行本数の増加はほぼ限界に近く、連結両数増が求められている。また、2020年には相模鉄道西谷駅から羽沢横浜国大駅までの短絡線が完成することから、東海道貨物線に直通運転し、さらに埼京線への直通運転も計画されている。

ハイブリッド気動車を投入　JR東海

特急「ひだ」、「南紀」に使用されている「キハ85形」を置き換えるハイブリッド式気動車を開発中。2019（平成31）年末から試験走行を開始し、120km／h走行を目指すと発表している。それによると各車両に1

▲気動車と電車の利点を生かした「DECMO」。

▲工事は遅れているが、進められている相鉄直通線。

台積まれたエンジンで発電、静粛性や燃費を向上させるという。2022年度より営業に投入する予定とのことである。

さらなる安全対策を導入 JR西日本

先頭車両同士の連結面間への転落防止のために、先頭車両への転落防止柵の取り付けを進めている。また、ホームのいすの向きを、ホームに向かっていたものを平行にすることで転落を減らせることから、いすの向きを変える策をとっている。

▲久しぶりの登場となる、JR東海特急用気動車。

▲JR東日本と同様の機構の蓄電池電車。

▲JR四国の新型特急は、徳島方面から順次投入。

新型特急気動車が登場 JR四国

30年ぶりとなる新型特急気動車「2600形」が、2017（平成29）年に登場。この車両は、「Neo Japonism」をデザインのコンセプトにした日本の伝統的意匠を近代的にアレンジしたもの。2両編成でLED照明、座席コンセント、可動式枕、車いす対応トイレ、防犯カメラ、非常通報装置、ベビーベッドなどを備えていて、安全性、快適性を高めたものとなっている。空気ばね式車体傾斜機構を備え、最高時速120km／hで走行する。今後は、「しまんと」「あしずり」「宇和海」などに順次投入されていく。

「DENCHA」が活躍中 JR九州

自然災害により、久大本線や日田彦山線、豊肥本線などの長期不通区間があり、その復旧に全力をあげて取り組んでいるため、新規の策がとれない。そんな中で2016（平成28）年10月に登場した「819系」車両は、2両編成の蓄電池式電車で、交流電化区間と非電化区間をまたがって走行し、電化区間およびブレーキをかけたときの回生電力を蓄電池にためて走行する。「DENCHA」の愛称をつけられ筑豊本線で活躍している。今後、三角線や復旧なった豊肥本線などにも投入が予想されている。

通勤もより速く快適に!!
私鉄各社の新型電車

より速く、より快適なサービスを。座って通勤の時代へ！

通勤の快適性を考えると、高速化などで、ラッシュ時における混雑の緩和が大本命である。しかし、私鉄各社はより快適性を求めるサービスを開始。指定席を設けて、座ってラクラクという方針を打ち出している。

パイオニア的存在の京浜急行「ウイング号」

１９９２（平成４）年４月のダイヤ改正で登場した、夜間下りのみの座席指定制の快速特急であり、ＪＲのライナー列車に相当するものであった。品川駅を出ると横浜駅を通過して上大岡駅までノンストップの京急久里浜駅行きと三崎口駅行きで18時45分から23時まで11本が設定されている。２０１５（平成27）年12月には朝上りの「モーニング・ウィング号」の品川駅行き１本と泉岳寺駅行１本の運転も開始された。この列車が沿線乗客の高評価を呼んだのを見て、私鉄各社の通勤指定席列車の導入が進んだといえる。

東武東上線に登場。東武鉄道「ＴＪライナー」

２００８（平成20）年６月に東武東上線に登場したクロスシートとロングシートを転換できる構造の「５００９０形」車両を使って運転される、座席定員制の列車。朝は森林公園発池袋駅行きを平日に２本、夕方は池袋発小川町駅行き平日11本、土休日９本。森林公園駅行き平日２本である。着席整理券を当日自動券売機で発売している。

有楽町線にも乗り入れ。西武鉄道「Ｓ-ＴＲＡＩＮ」

２０１７（平成29）年３月15日から運行を開始した西武鉄道の座席変換式車両「４００００形」10両編成車両を使用した座席指定制列車。平日は豊洲駅―所沢駅間を豊洲駅行き４本、所沢駅行き３本で通勤用のダイヤになっている。土休日は、西武秩父駅―元町中華街駅間で、飯能駅発１本、西武秩父駅発１本の元町中華街駅行きと、元町中華街駅発の所沢駅、飯能駅、西武秩父駅行きが各１本であり、観光用途の設定がなされている。東急東横線、横浜高速鉄道初の指定席列車となった。

今年から運転開始。京王電鉄「京王ライナー」

２０１７（平成29）年９月に運行を開始した「５０００形」10両編成変換シート車両が出揃う２０１８（平成30）年春より、座席指定列車「京王ライナー」を運転開始の予定である。

京阪電鉄の特急「プレミアムカー・ライナー」

2017(平成29)年8月、特急車両である「8000形」8両編成のうち6号車1両を改造して指定席専用車両「プレミアムカー」として運転を開始した。運転区間は淀屋橋駅—出町柳駅間51・6kmで、ゆったりした2列＋1列の転換クロスシート40席。コンセントつきでテーブルもあるのでパソコン作業もできる。また、平日朝ラッシュ時間帯に枚方市駅発と樟葉駅発の淀屋橋駅行きの全車指定席の「ライナー」を「8000形」を使用しての運転も開始している。ライナー券購入は窓口発売のほかに当日ホームの臨時窓口でも行われている。

▲京浜急行「ウイング号」。

▲京王電鉄「京王ライナー」。

▲東武鉄道「TJライナー」。

▲京阪電鉄「プレミアムカー・ライナー」。

▲西武鉄道「S-TRAIN」。

▲泉北高速鉄道「泉北ライナー」。

専用定期券も使える泉北高速鉄道「泉北ライナー」

南海高野線難波駅に直通運転している中百舌鳥駅—和泉中央駅間の通勤通学路線では、2015(平成27)12月より指定席特急「泉北ライナー」の運転を開始した。南海と泉北各1編成ずつの4両編成の専用車両を使い、平日上り12本下り11本、土休日は12往復の運転で、好評につき増発されている。特急券は駅窓口で1か月前から発売され、当日はホームの自動券売機でも発売している。専用定期券もある。

その他の私鉄の着席通勤戦略

小田急電鉄では、地下鉄千代田線直通の都心直通ロマンスカーを運転してきた。また、東武伊勢崎線の新型特急「リバティ」による通勤利用の拡充も推進されている。近鉄、南海の座席指定特急の通勤利用もさらに進むと思われる。

航空機とのコラボ 空港アクセスの進化

インバウンド効果で注目の空港アクセス鉄道！

海外からの訪日旅行客の増加により、空港アクセス鉄道は活況を呈している。羽田空港の京浜急行空港線や東京モノレール、成田空港のＪＲ「成田エクスプレス」や「成田スカイアクセス」、中部国際空港の名鉄「ミュースカイ」、関西国際空港の南海「ラピート」やＪＲ「はるか」など、また那覇空港、宮崎空港、仙台空港、新千歳空港もレールが直結していて、ダイヤ改正ごとに増発している状況である。そこで鉄道各社は新たなアクセス鉄道の実現に向けて動き出している。

羽田空港へのアクセス鉄道計画

ＪＲ東日本が中心となって検討されているのが、羽田空港の地下を通過している貨物線を利用して空港アクセス線を建設する以下の３つのルートだ。①田町駅付近―休止中の貨物線―東京貨物ターミナル駅―羽田空港新駅。宇都宮・高崎・常磐線が直通。②りんかい線八潮車両基地―羽田空港新駅。りんかい線、京葉線が直通。③大井町駅―東京貨物ターミナル駅―羽田空港新駅。埼京線が直通。

ＪＲ東日本では、りんかい線（東京臨海高速鉄道）の買収も含めて検討されている。完成には10年を見込んでおり、国際線ターミナルへの延伸も考えられている。また、東急多摩川線矢口渡駅―京浜急行大鳥居駅間を結ぶ通称「蒲蒲線」計画もあるが、東急と京浜急行では線路幅が異なることから、空港への直通は困難で、費用も地下新線で巨額となることから実現は難しそうだ。

浜松町駅と羽田空港を結ぶ東京モノレールは、浜松町駅のＪＲ乗り換え改札の新設を行ったほか、浜松町駅―東京駅間を延伸する計画がある。

大阪空港へのアクセス鉄道計画

阪急電鉄は、２０１７（平成29）年９月、宝塚線の曽根駅から大阪空港を結ぶ新線構想をもっていることを発表した。それによると、曽根駅からほぼ直線で大阪空港を目指すもので、複線の新線を想定している。需要予測調査や周辺自治体との協議に入ると見られている。

関西空港へのアクセス鉄道計画

関西空港へのルートは、ＪＲは、関西空港線、阪和線、大阪環状線、梅田貨物線のルートで新大阪駅とを結んでいるが、大阪環状線は通勤路線として、またＵＳＪへのルートとしてダイヤの余裕がなく、梅田貨物線は単線で線路容量が不足している。また、新大阪駅へのルー

▲京浜運河上を走る「東京モノレール」。

▲羽田空港へのルート上、休止中の貨物線。

▲渋滞を下に見て走る「大阪モノレール」。

▲大阪駅のすぐ北側で進む、北梅田駅工事。

トでは大阪駅付近に駅がないといった問題を抱えている。そこで、現在梅田貨物線の大阪駅のすぐ近くの地下に、（仮称）北梅田駅の建設が進められている。

北梅田駅は、２面４線のホームをもつもので、２０２０年の開業を予定している。この駅にはＪＲの関空特急「はるか」や紀勢本線直通の特急「くろしお」、さらには現在工事中の「おおさか東線」も乗り入れてくる予定であり、大阪各地への空港アクセスが向上することになる。

また、関西本線の終点ＪＲ難波駅から（仮称）北梅田駅への「なにわ筋線」構想も動き出しており、完成すれば単線区間も解消されて大幅増発も可能となる。さらに、南海電鉄も南海本線難波駅に地下駅を増設してこの線に乗り入れ、（仮称）北梅田駅には、十三駅からの阪急新線構想も浮上、そして、阪急の免許や用地買収も一部済んでいる十三駅―新大阪駅間の新線に乗り入れて、南海空港特急「ラピート」が新大阪駅まで直通する構想もある。しかし、現在の南海難波駅の地下に、大きな駅をつくるという難工事に加え、かなり膨大な予算が必要なことなど、越えないとならない障壁も多い。

大阪空港駅と門真市駅を結ぶ大阪モノレールは、現在近鉄と結ぶ延伸工事が行われている。さらに、関西空港駅までの延伸も検討されている

鉄道高速化に伴う安全対策
エリア別ホームドアの整備

事故対策には有効だが、整備には問題も多い

ホーム脇を猛スピードで通過する列車。実際にヒヤッとした経験はないだろうか。鉄道の高速化と過密ダイヤによる影響はこんなところにも表れている。ホームにいる乗客と列車との事故を防ぐのに有効なのが、ホームドア。ホーム上のドアの位置に、列車の扉と連動して動く自動扉を取り付ける設備だ。

現在、順次整備が進められている。しかし、高価なこと、ホームの強度がないと補強が必要、ドアの位置が異なる車両が走る駅では対応が困難などの問題も多い。

首都圏でのホームドア整備

ＪＲ線では山手線、京浜東北線、埼京線などで整備が進んでいるが、駅の数が多いこともあり、整備率が高いとまではいえない。中距離電車や特に3扉車と4扉車など複数が走る区間、特急停車駅などは手つかずであり、東海道線、横須賀線、常磐線、高崎線などは手がつけられていない。一方、地下鉄では、東京メトロ南北線で整備が完了したのに続き、銀座線、丸ノ内線などで、都営地下鉄も含め整備が進んでいる。

▲あおなみ線に整備された、密閉式のホームドア。

▲六甲道駅の、ワイヤーが上下する試作機。

中京圏でのホームドア整備

あおなみ線では開業時に整備され、地下鉄でも整備が進められている。ＪＲでも東海道本線での設置が見られるが実験段階である。

近畿圏でのホームドア整備

京都市営地下鉄東西線が開業時に整備されたほか、烏丸線でも整備が進行中。大阪市営地下鉄も整備が始まった。ＪＲ線では4扉のみ運行のＪＲ東西線北新地駅で初めに整備が始まったが、3扉、4扉両方が走る線区が多いため、どちらにも対応できるものが必要として、東海道本線六甲道駅でロープ式のものが実験されていた。この結果をもとに、高槻駅の新設ホームに設置され、今後順次整備されることになった。また大阪環状線と阪和線では、4扉車をやめて3扉車に取り換えるという決定をし、順次新車を導入して、3扉車のみになった時点で設置することにしている。

改札通過もより速く！磁気カードからICカードへ

磁気カードからICカードへの転換

磁気式の自動改札が整備された結果、さらに便利なシステムとして開発されたのが磁気カード。乗車するたびに、いちいち乗車券を買わなくても済む便利ツールだ。本格的なものは1991（平成3）年のJR東日本の「イオカード」、翌年の阪急の「ラガールカード」であった。それからわずか10年、2001（平成13）年にはJR東日本で「スイカ」が登場、またたく間に全国に広まった。しかし、ICカード化は、繰り返し使えることから、記念乗車券から続いてきた記念カードも一部を除いてなくなり、「味気ない、集める対象ではない」などの声も出ている。

ICカードの全国相互利用へ

2013（平成25）年3月、交通カード10種の全国共通利用が開始された。つまり、JR東日本の「スイカ」で、JR西日本の「イコカ」、JR九州の「スゴカ」などのエリアでも使用でき、それが相互に使えることになった。しかし、チャージの仕方が異なるなど、他のエリアの使用ではまごつく光景も見られる。2017（平成29）年5月現在74の鉄道、152のバス事業者で利用できるが、さらに、沖縄なども加わる予定である。これは国土交通省が交通政策基本法に基づいて指導調整をかって出ているからである。

見えてきたICカードの問題点

便利な交通カードだが弱点もたくさんある。全国で使えるとはいっても全国を通しては使えない。東京からの東海道本線の普通は沼津駅まで直通するが、カードが使えるのは熱海駅までとなっている。こうした弊害は全国でみられる。なぜそうなるのかというと、JR各社間精算システムがないためで、これは近い将来にできるのを待つしかない。また、事故などで振替乗車となった場合の使用ができない。これにはシステムが複雑になりすぎるという技術的な問題があり、一筋縄ではいかないようだ。また、中小私鉄は設備投資の負担が大きいという問題もある。

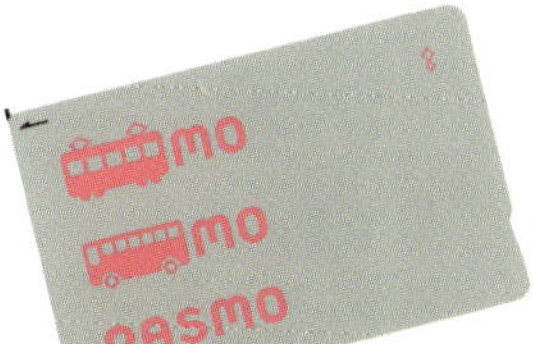

▲いまやすっかりおなじみの、私鉄系のPASMO

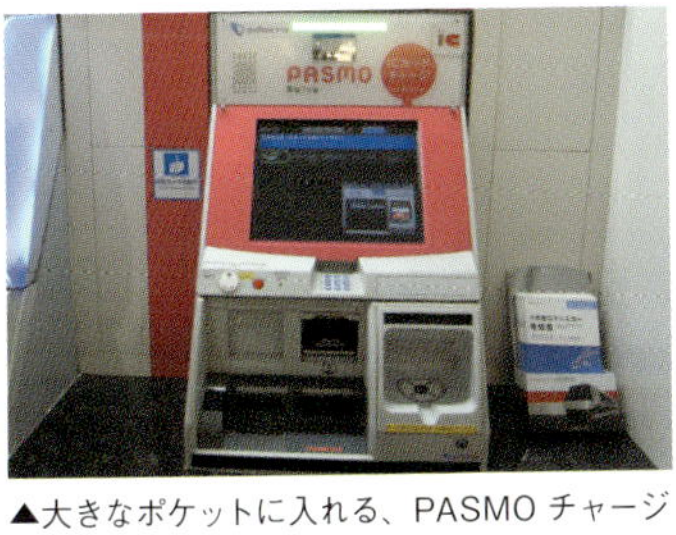

▲大きなポケットに入れる、PASMOチャージ専用機

グラフ 03 1968（昭和43）年：新幹線210km/h運転の時代

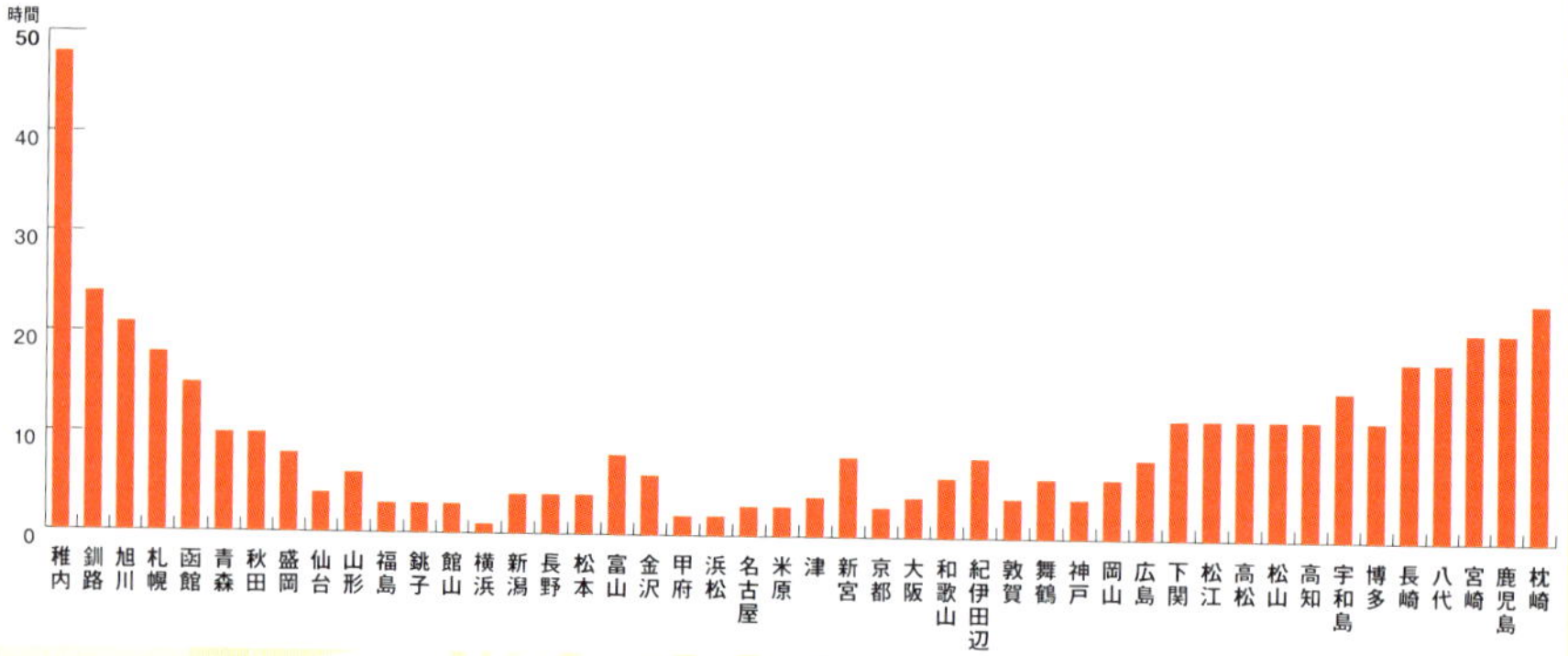

グラフ 04 2008（平成20）年：新幹線発展の時代

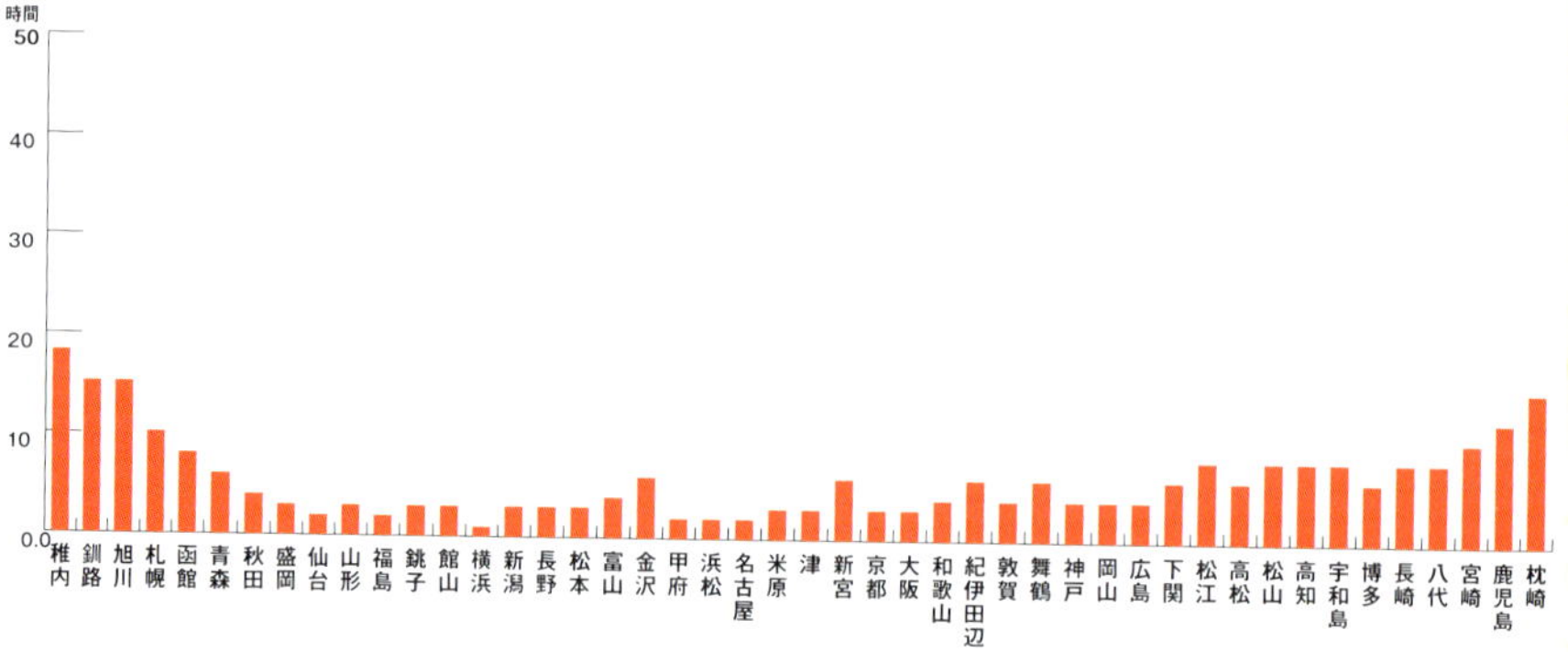

グラフ 05 2017（平成29）年：新幹線全国波及の時代

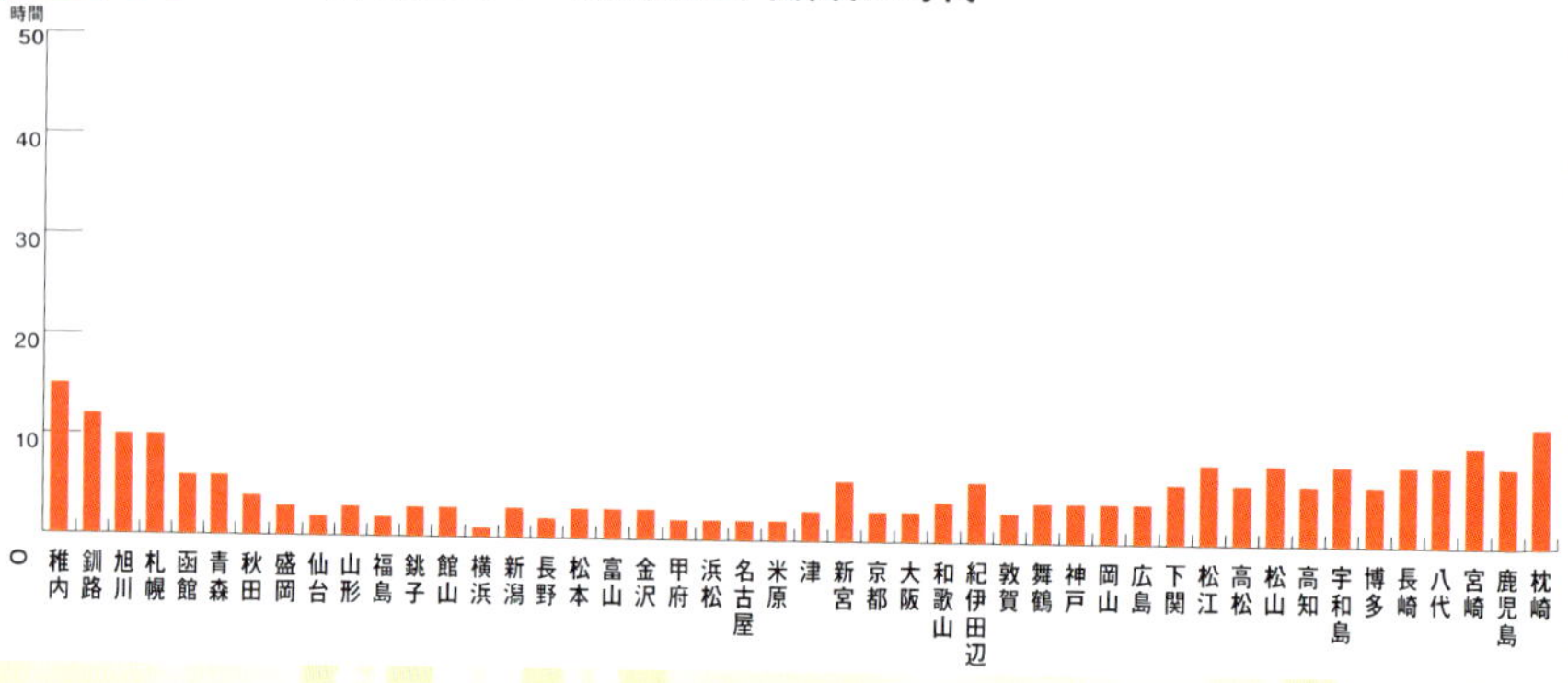

COLUMN 時代別鉄道所要時間

東京から地方へ。時代別鉄道所要時間グラフ

明治・大正・昭和・平成と、時を経て日本の鉄道は進歩を遂げている。
ここでは鉄道のスピードの進化を追って、時代ごとに東京から
日本全国の主要地までの所要時間をグラフで表してみた。
(※グラフなし:未開通)

グラフ 01 1940(昭和15)年:SL超特急「燕」の時代

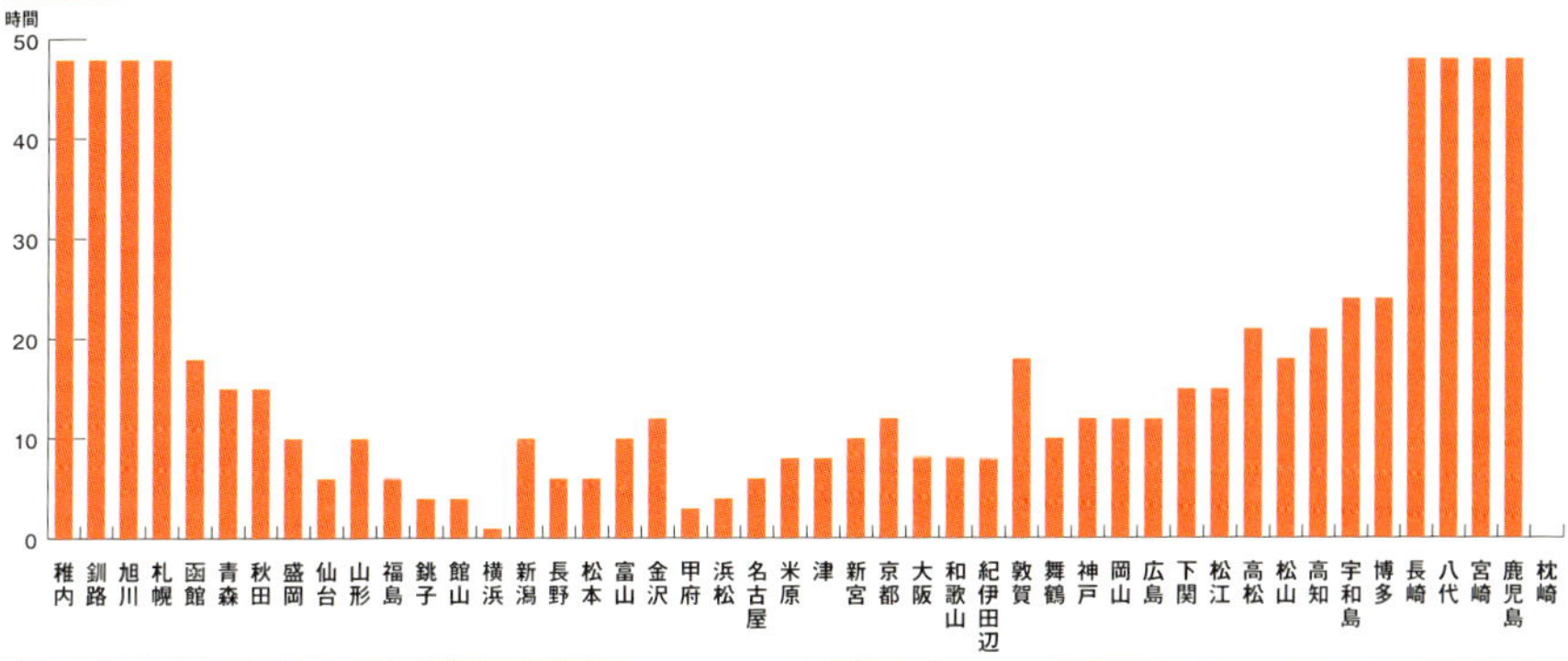

グラフ 02 1961(昭和36)年:ビジネス特急「こだま」の時代

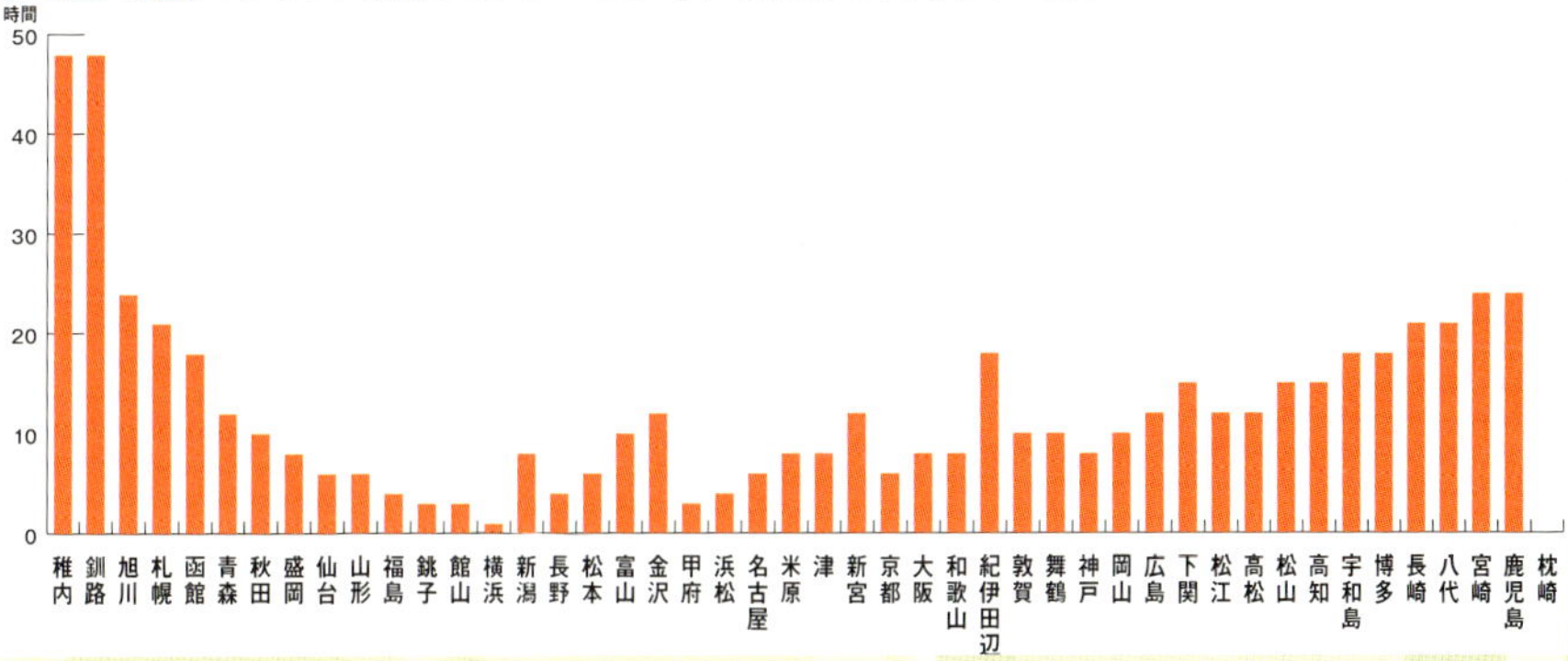

ち。中古品が出回るとすぐに売れるので、通販サイトをこまめにチェックする必要がある。1万8,036円(税込)

▲テレビカーを含む3両編成。AB揃えて楽しみたい。

京阪テレビカー「1900形」

トミーテック鉄コレ3両セットAB

1963(昭和38)年の淀屋橋駅延伸開業用に増備された「1900形」(55ページ参照)の、最盛期を模型化した製品。限定品で発売されていたものが大人気のため一般発売された。先頭車2両に「テレビカー」の1両を加えた3両セットの「A」と先頭車に「1810形」からの編入車の貴重な両運転台車両、元1815の1905をいれたマニアックな「B」があり、合わせ6両編成が楽しめる。よくできた製品で大人気のため、入手困難になっている。4,500円+税

国鉄「スロ60形」

KATO・1両

特別2等車と呼ばれ、リクライニングシートを備えた「60系」客車の一員である特急用客車(37・38ページ参照)。KATOから「つばめ」の

▲旧型客車では最もゆったりした車内の「スロ60」。

▲国鉄買収後に国鉄仕様に変更した「クモハ20形」、「クハ25形」。

青大将カラーと茶色(青帯)、青色の3種類が発売されていたが、販売を終了している。メルカリやアマゾンなどで出品されてもすぐに落札される人気商品。このため、定価よりかなり高価になっていることがあり、倍以上のこともある。ヤフオクが狙い目。1,200円+税。

国鉄阪和線「クモハ20形」・「クハ25形」

トミーテック鉄コレ

国鉄「クモハ20形」は、旧阪和「モヨ100形」(23ページ参照)、「クハ25形」は「クタ300形」。国鉄買収後に国鉄仕様に変更した後の姿を模型化したもの。2017(平成29)年12月31日発売予定で、東西の古い電車として1,200円+税のブラインドセット売り。セットされる車両は、近鉄「820形」2両編成、京成「200形」2両編成、京浜急行「1000形」試作車2両編成、広電宮島線「1080形」2両編成。

COLUMN 鉄道模型で名車両に出合う

鉄道模型で再現される高速鉄道の世界

保存車もない名車は鉄道模型で！

消えてしまった車両も図面や画像などから、その多くが模型化されて発売されている。手のひらサイズのNゲージ模型（150～160分の1サイズ）が一番の人気であり、鉄道模型専門店や鉄道グッズの店、またはAmazonや楽天市場、メルカリなどでも購入できるものが多い。

小田急「1910形」
トミーテック鉄コレ・3両編成

小田急最初のロマンスカー（40ページ参照）で「1910形」の登場時の完成模型であり、動力装置はないが、別売のパーツを組み込むことによって走らせることもできる。

▲小田急ロマンスカーのルーツが模型で蘇る。

▲近鉄「新ビスタカー」。ABC揃えて、晩年の９連を再現したい。

喫茶コーナーのある中間車のみ20ｍ車体であった時代のものなので、並べてその違いを実感することができる。また、様々なヘッドマークやサボがおまけについているので、どれを貼るか悩ましい。定価4,320円（税込）

近鉄「10100形新ビスタカー」
KATO・3両編成

本格的な初の２階建て電車「新ビスタカー」（53ページ参照）初期の形態を模型化。複雑な曲線の先頭部分なども見事に再現している。ABCの３編成ともあるので、各種の組み合わせを楽しむことができるが、C編成はモーター付が発売されていない。AC編成11,000円＋税、B編成（モーターなし）7,500円＋税。

南海「20000形」特急「こうや号」
マイクロエース・4両編成

南海高野線のスター特急「こうや号」専用車両「20000形」（56ページ参照）の模型で、1973（昭和48）年以降の姿を再現したもの。前照灯、尾灯のほか、愛称板もLEDにより点灯するようになっているが、現在は売り切れで再生産待

▼複雑な曲線部分のできも良い「南海こうや号」。

リニアモーターカー（中央新幹線）計画

磁気浮上式リニアモーター そのシステムとは？

東京駅―名古屋駅間で2027年、さらに、東京駅―大阪駅間で最短2037年に開業予定の中央新幹線。超電導磁気浮上式リニアモーターカー（超電導リニア）の採用により、最高速度は550㎞／ｈに達し、東京駅―大阪駅間をわずか67分で結ぶと試算されている。

中央新幹線に採用される駆動方式であるリニアモーターとは、超電力を用いた磁気浮上式リニアモーターを指す。その原理は、簡単にいうと軸のない電気モーター。一般的なモーターが回転運動をするのに対し、基本的に直線運動をする発電機のことで、吸引力と反発力をそのまま推進力とする。

この推進力を利用して誘導電流を発生させて車両を浮かび上がらせる。そして、車両には軽くて強力な超電導磁石を搭載しているので、磁気浮上式リニアモーターといわれる。

山梨県都留市の新リニア実験線では、1997（平成9）年から、この方式で走行試験が繰り返され、2003（平成15）年には有人で時速581㎞／ｈを記録した。

すでに実用化されている リニアモーターの技術

リニアモーターというと、なにか近未来的な技術のように感じるかもしれない。しかし、1990（平成2）年に開業した大阪市営地下鉄長堀鶴見緑地線などの地下鉄路線で、この技術はすでに採用されている。しかし、これらは従来の電車と同様に、レール上を鉄輪が走るシステムだ。これに対し、愛知東部丘陵線（通称リニモ）や中国の上海トランスラピッドは、中央新幹線と同様の浮上方式を採用している。

だが、自然災害の多い日本の場合、超高速で走行する浮上式リニアモーターカーには安全面での条件が厳しく、地震などの対処法として、安全に走行するためには路面との隙間となる浮上高として10㎝程度が必要とされる（上海トランスラピッドでは1㎝）。中央新幹線では、この問題を車両に搭載する超電導コイルによる強力な磁力を有するＪＲマグレブ式という技術で解決している。

▲山梨リニア実験線を走行試験する超電導リニア車両。

▲最高速度581km/hを記録した試験車両の実物展示。

▲試乗車両の車内。シ　トはほぼ新幹線同様のもの。

東海道ではなく、最短距離を通る

開業後も、東海道新幹線と共存する形で営業する中央新幹線。その経路は、東海道沿いではなく、神奈川県相模原市、山梨県甲府市、長野県飯田市、岐阜県中津川市と中央道（中山道）を通り、そこに設けられる中間駅を経て、名古屋駅に至る全長約286kmの路線が設定されている。

山梨県甲府市付近からは、木曽谷ルート、伊那谷ルートを抑え、赤石山脈（南アルプス）を貫く直線ルートをとることが、2008（平成20）年10月21日に固められた。このルートは、他の2ルートと比べ、距離が短く、経済性にも優れていることが決定の理由となった。また、名古屋から大阪に至るルートとしては、奈良市付近とあるのみで、具体的なルートは未定である。

中央新幹線の始発駅は、東京駅でなく品川駅が予定されている。地下鉄路線が張りめぐらされている東京駅には空間的な余裕がないことや、品川駅がハブ空港としての機能を有する羽田空港へのアクセスが良好などの理由があげられている。

中間駅として橋本駅付近（神奈川県）、甲府市大津町付近（山梨県）、飯田市座光寺地区（長野県）、中津川市千旦林付近（岐阜県）、名古屋駅付近（愛知県）が候補となっている。

COLUMN

時速500km/hの世界を体感
山梨県立リニア見学センター

リニアモーターカーを知り、お土産もゲットできる

山梨リニア実験線の走行試験の開始に合わせて開館した博物館型見学施設。「どきどきリニア館」では、超電導リニアやリニア中央新幹線の概要を模型や展示物などで、詳しく紹介している。近い将来に実現する次世代の高速鉄道といわれる超電導リニアのことがよく分かると評判だ。

また、走行試験日の日程が合えば、目の前の山梨リニア実験線で行われるリニアモーターカーの迫力ある走行試験の様子を身近で見学できる。（走行試験日は、HPのカレンダーで確認）

隣接する「わくわくやまなし館」には、2階に山梨県の観光情報コーナーがある。センターでの見学に合わせ、周辺の観光情報を得るのに便利。館内のショップには、リニアグッズや山梨県の地場産品が充実、こだわりのお土産が求められる。

実物のリニアを見て歴史と仕組みを学ぶ

「どきどきリニア館」には、2003（平成15）年に世界最速記録581km/hを樹立した試験車両「MLX01-2」の実物と、超電導磁石の実物が展示されている。また、50年にわたるリニア開発の歴史を、歴代リニア車両の模型とともに年表で学ぶことができる。

2階には、超電導リニアの技術や超電導の特性を体験装置や超電導コースターでわかりやすく紹介するコーナーがある。解説映像付きなので、リニアモーターカーを動かす超電導の仕組みがよく理解できる。また、磁力浮上、磁力走行を体感できるミニリニアも子供に人気だ。そして、3階にはリニアの500km/h走行を体感できるシアター、全長17mの大型ジオラマなどを展示する。

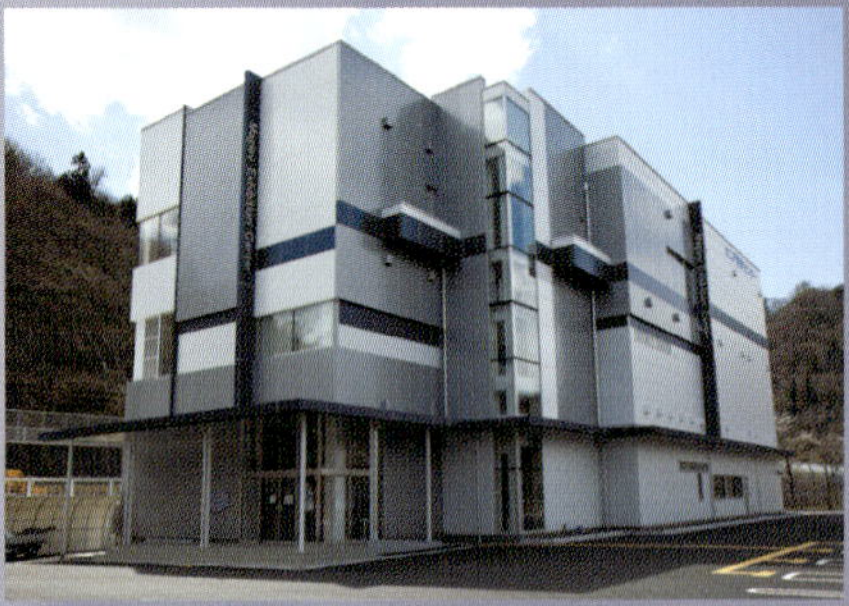

▲どきどきリニア館

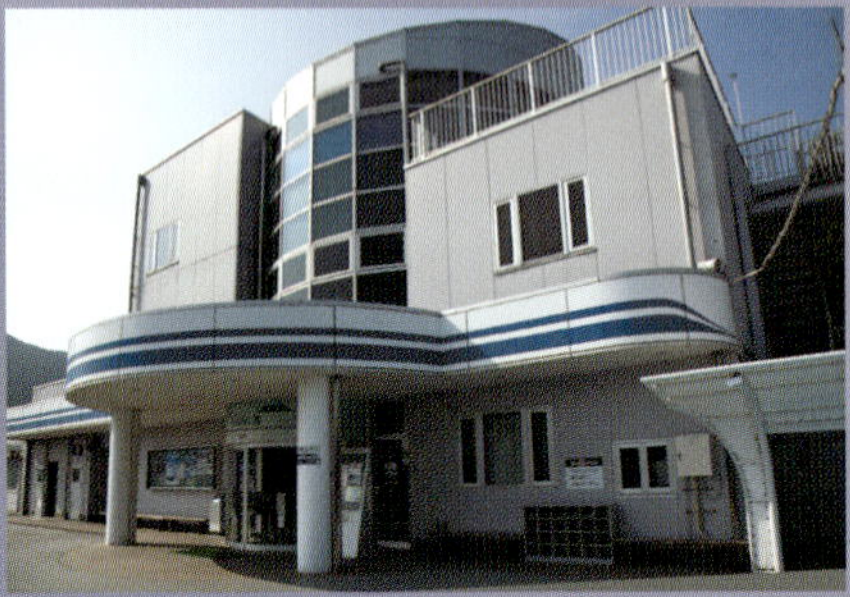

▲わくわくやまなし館

◆どきどきリニア館
URL　http://www.linear-museum.pref.yamanashi.jp/index.html
開館時間　9時～17時、休館日は、毎週月曜日（祝日の場合は翌火曜日）、年末年始（12月29日～1月3日）
利用料金　一般・大学生420円、高校生310円、中学生・小学生200円

さくいん

1）鉄道会社・線区名

2）列車名　※車両の名称は不掲載。（幹）は新幹線。

Author profile

高野晃彰

編集制作ユニット / ベストフィールズ、デザイン制作ユニット / デザインスタジオタカノ代表。鉄道の旅をこよなく愛し、鉄道撮影、鉄道模型収集を趣味とする。長年にわたり、JR 東海、東京モノレール、京王電鉄など、大手鉄道会社媒体の執筆・編集、インターネット関係の鉄道記事の執筆に携わり、各地を取材でめぐる。主な編著書に『憧れのリゾート観光列車 全国 鉄道トラベル GUIDE』、『関西 感動の駅トラベル 駅舎めぐりの旅』（ともにメイツ出版）などがある。

Author
Editor in Chief
高野晃彰

Joint Authors
Investigation
星埜俊昭

Editor
九条亜雲母
藤島通保

Art Direction
今岡祐樹（ガレッシオデザイン有限会社）

Design
ガレッシオデザイン有限会社

Illustrator
高野えり子（デザインスタジオタカノ）

Reading
岩田涼子

Photographer
百配伝蔵
後川永作

Special thanks
日本国有鉄道OB会
私鉄OB会
公営交通OB会

ビジュアルで紐解く
日本の高速鉄道史　名列車とたどる進化の歴史

2018年3月15日　第1版・第1刷発行

著　者　高野　晃彰（たかの　てるあき）
発行者　メイツ出版株式会社
代表者　三渡　治
〒102－0093　東京都千代田区平河町一丁目1-8
TEL：03-5276-3050（編集・営業）
03-5276-3052（注文専用）
FAX：03-5276-3105
印　刷　株式会社厚徳社

ご意見・ご感想はホームページから承っております
メイツ出版ホームページアドレス　http://www.mates-publishing.co.jp/

編集長：折居かおる　企画担当：折居かおる　制作担当：清岡香奈